研究与咨询
——中国气象局气象干部培训学院《研究专报》选编（第二辑）

主　编：　刘怀玉
副主编：　王卫丹　杨　萍

气象出版社
China Meteorological Press

图书在版编目（CIP）数据

研究与咨询：中国气象局气象干部培训学院《研究专报》选编. 第二辑 / 刘怀玉主编. -- 北京：气象出版社，2024.6
ISBN 978-7-5029-8201-0

Ⅰ. ①研… Ⅱ. ①刘… Ⅲ. ①气象－教案(教育)－干部培训 Ⅳ. ①P4-41

中国国家版本馆 CIP 数据核字(2024)第 103280 号

研究与咨询——中国气象局气象干部培训学院《研究专报》选编(第二辑)
Yanjiu yu Zixun——Zhongguo Qixiangju Qixiang Ganbu Peixun Xueyuan 《Yanjiu Zhuanbao》Xuanbian(Di-er Ji)

出版发行：气象出版社
地　　址：北京市海淀区中关村南大街 46 号　邮政编码：100081
电　　话：010-68407112(总编室)　010-68408042(发行部)
网　　址：http://www.qxcbs.com　　　E - m a i l：qxcbs@cma.gov.cn
责任编辑：黄海燕　　　　　　　　　　终　审：张　斌
责任校对：张硕杰　　　　　　　　　　责任技编：赵相宁
封面设计：艺点设计
印　　刷：北京建宏印刷有限公司
开　　本：710 mm×1000 mm　1/16　　印　张：11.75
字　　数：250 千字
版　　次：2024 年 6 月第 1 版　　　　印　次：2024 年 6 月第 1 次印刷
定　　价：80.00 元

序

习近平总书记高度重视智库建设,特别指出,"为党育才、为党献策"是党校始终不变的初心,党校要成为党和国家的重要智库。2023年,《中共中国气象局党组关于加强气象智库建设的若干意见》(简称《意见》)印发,《意见》明确中共中国气象局党校(简称"局党校")是新型气象智库的重要力量。近年来,局党校在建设党校特色智库方面持续发力,打造直通中国气象局党组的决策咨询产品,夯实教师决策咨询研究能力,用好学员资源,一步一个脚印地在决策咨询工作中谋发展、求创新。2023年,局党校将2019年以来刊发在局党校内刊《研究专报》的研究报告择优汇编,形成《研究与咨询》(第一辑),由气象出版社正式出版,一方面系统呈现了局党校教师和学员的学习、研究成果,另一方面推动和激励了教师、学员在决策咨询能力方面再上台阶。目前,《研究与咨询》(第一辑)作为教学参考书在局党校中青年干部培训班等多个班型应用,颇受学员好评。

在第一辑的基础上,《研究与咨询》(第二辑)选编了2022年7月以来在局党校《研究专报》上刊载的研究报告,从气象科技发展、现代气象业务、党的创新理论、气象人才队伍、气象管理保障五个方面展开介绍,便于读者根据兴趣和所需选读。鉴于局党校学员参训后的单位岗位可能有所变动,选编报告时未列出每位学员的单位,而重点体现局党校培训班学员的身份,教师及相关作者的单位均为撰写报告时所在的单位。此外,以上五个方面的内容之间难免出现交叉,考虑不周之处,敬请读者谅解。

《研究与咨询》(第二辑)结集出版,离不开中国气象局党组的关怀和信任,离不开中国气象局人事司、政策法规司等职能司以及气象发展与规划院等兄弟单位的指导和帮助,离不开局党校教师的付出和努力,离不开《研究专报》编辑部成员的辛勤投入,在此一并致以最诚挚的谢意!

2024年5月

目　录

党的创新理论

气象人才队伍

气象管理保障

气象科技发展

推进局校合作向"深"拓展,实现科研、教育、业务大融合

姚秀萍　李　鑫　索渺清　李焕连

中国气象局气象干部培训学院(中共中国气象局党校)

要点:本文基于多年开展"高校教师现代气象业务研修班"的带班经验以及与学员座谈的一手资料,从气象部门和高校如何共同做好气象人才的教育培训这一视角提出对策建议:一是以高校研修班为抓手,使之成为强化局校合作的放大器;二是以气象业务需求为导向,推动学历教育与在职培训无缝衔接;三是以气象部门研究生教育为平台,联合储备业务发展急需人才;四是以科技成果转化为抓手,探索科技成果合作共享新路径。

高校教师现代气象业务研修班(简称"高校研修班")是落实《教育部 中国气象局关于加强气象人才培养工作的指导意见》(教高〔2015〕2号)的重要举措,是中国气象局推进局校协同发展的具体举措之一。自2016年起,高校研修班一直被列为国家级重点培训项目,截至2022年年底干部学院已经培训了26所高校259名高校教师。本文基于干部学院多年开展高校研修班的经验、与学员的访谈交流等调研基础,提出局校合作向"深"拓展,助推科研、教育、业务融合共赢发展的决策建议。

一、以高校研修班为抓手,使之成为强化局校合作的放大器

从历年举办的高校研修班实践看,高校研修班具有如下几个鲜明特点。一是培训内容面向前沿、面向需求。内容设置包括政治理论学习、气象业务、人才培养、科技创新、局校合作等多个主题,重点加强天气预报、气候预测、卫星产品应用、数值预报等高校教师亟须的最新业务。二是培训师资视野宏大、实力强劲。授课师资来自中国气象局局领导、职能司领导、直属单位领导和专家。三是培训学员来源广泛、精英荟萃。高校研修班主要面向开设大气科学专业的高校,参加培训的老师中不乏校级、院级领导,具有高级职称或博士学位者达到80%。四是培训方式灵活多样。培训中除了授课之外,还有互动讨论、实地考察、现场教学等多种方式。

综上所述,高校研修班能够使高校教师零距离了解现代气象业务现状及发展方向,能够推动现代气象业务与气象高等教育的有效衔接,是推动局校合作的一个重要

抓手。因此，需要进一步发挥高校研修班这一平台的优势，使其成为强化局校合作的放大器，具体建议如下：一要进一步加强政策宣贯，将《气象高质量发展纲要（2022—2035 年）》（简称《纲要》）、《新型气象业务技术体制改革方案（2022—2025 年）》、全国气象工作会议精神、气象相关发展规划及专项工作方案向高校领导及教师传达及部署，使他们进一步明确当前背景下气象业务发展和人才培养定位；二是要在培训基础上搭建起气象业务人员与高校教师的教学、科研和业务交流渠道，创造更多的合作机会；三是要充分利用高校研修班的研讨，探索更多观测、预报、服务等相关业务及科研成果在各高校环境下延伸落地的渠道。

二、以气象业务需求为导向，推动学历教育与在职培训无缝衔接

高校是我国科技创新的重要力量，是培养高素质优秀人才的重要基地。伴随着大数据和人工智能等新技术的迅猛发展，现代气象业务对人才的岗位需求持续增加，而高校以素质教育为主要目标，无论课程设置和内容的更新，还是对气象业务需求的了解，都难以与气象业务发展同频共振，因此，高校输出人才的专业化能力与现代气象业务发展出现脱节现象在所难免。从对高校研修班学员的调研发现：一方面，长期在高校任职的教师基本仍旧以项目、论文为指挥棒开展相关基础研究，主动了解气象业务发展现状的动力不足；另一方面，有过气象部门从业经历而后调入高校的教师，离开业务岗位后，前期的业务经验和知识储备不能满足和适应气象业务新方法、新系统、新技术的飞速更新。

高校在了解气象业务需求、有针对性地更新和增设课程方面急需继续加强。具体建议如下：一是气象部门要强化学科意识，推动高校优化学历教育学科专业和课程，特别是在防灾减灾与气象服务、数值预报、智能网格预报、人工智能与大数据等方面进行深化和细化；二是气象部门要主动作为，帮助高校教师通过多种途径跟进新理念、新思路、新方法，并运用于实际教学中去；三是干部学院要依托高校研修班加强对学历教育课程设置的调研和了解，不断优化基础知识培训、新任预报员培训、观测员培训等各类班型的课程设置，实现在职培训与学历教育的无缝衔接。

三、以气象部门研究生教育为平台，联合储备业务发展急需人才

目前我国开设大气科学类相关专业的高校共有 35 所，其中 12 所招收大气科学类及相关专业的硕士生和博士生，有力畅通了气象人才培养的渠道。然而，这 35 所高校中，有一部分学校尚未设置硕士或博士学位点，部分设置了硕博学位点的高校在研究生培养上与现代气象业务脱节较为严重。

中国气象科学研究院作为气象部门能够直接培养研究生的科研院所，拥有大量熟悉气象业务的专兼职导师和授课教师，在储备满足气象业务发展人才方面具有得

天独厚的优势,中国气象局应用好这一平台,联合高校共同加强潜在人才的储备。具体建议如下:一是中国气象科学研究院要加强与高校的合作,吸引更多高校的优秀本科生到中国气象科学研究院深造,使其将所学气象基础知识与现代气象业务紧密结合,培养更多能够快速适应现代气象业务发展的高素质人才,为气象高层次人才储备打下良好的基础;二是加强气象业务部门与中国气象科学研究院的联合培养,通过设立联合导师、建立研究生赴业务单位实习机制、定向培养急缺研究生等方式培养气象业务急需人才。

四、以科技成果转化为抓手,探索科技成果合作共享新路径

高校是我国气象科技成果产出的主力军,在国家自然科学基金项目研究机构中占比最高。经过近些年的局校合作,气象部门和相关高校通过联合建立研究机构、联合攻关关键核心科技难题、联合培养高层次气象人才和资源共享等举措初步形成了"开放、互补、互利"的合作模式。但在高校研修班的调研中发现,教师普遍认为已有的合作虽然取得了一些进展,但还不够深入,还需要进一步加强,特别是在有效的互访机制、资源共享、成果转化等方面仍需加强。

为进一步加强局校合作和科技成果合作共享,具体建议如下:一是气象部门要研究出台引导性激励措施,进一步细化完善高校科研成果向业务转化机制,促使高校科研成果最大程度向业务转化,特别是加强与高校在关键技术领域科技高地上的合作;二是气象部门要联合高校抓住重组国家重点实验室的机遇,目前,中国气象局只有1个国家重点实验室,还需进一步加强与高校在科研方面的合作,力争将优秀的局重点实验室融入或进入国家重点实验室,依托国家重点实验室等战略科技力量加速推动科技成果的整合与转化;三是气象部门要完善中国气象局人员与高校教师互访机制,开展更多短期互访和研修,采用合作的形式共同培养高层次人才,吸引高校教师更多参与到气象业务中来,同时,为高校教师提供相对稳定的住宿场所及良好的办公保障。

局校合作向"实"拓展：让高校科技成果转化落地[1]

崔晓军　何　勇　成秀虎　李乐中　李焕连　薛建军

中国气象局气象干部培训学院（中共中国气象局党校）

要点：本文基于 2016—2020 年局校合作的数据进行统计分析，从高校科技成果在气象部门转化这一视角来分析问题，提出高校科技成果如何实现转化落地的对策建议：一是建立以行业需求为导向的科研立项机制，提高科研效能；二是建立局校科技成果交流机制，提升成果转化效率；三是引导高校完善科技人员考核评价机制，发挥导向作用；四是完善气象科技成果转化激励政策，激发创新活力。

气象事业是科技型、基础性、先导性社会公益事业，我国气象事业的发展与通信、遥感、信息等新兴前沿领域的科技进步紧密相关。中国气象局一贯重视发挥高校在气象科技关键技术协同攻关和气象科技自立自强中的作用，先后与全国 26 所高校开展了局校合作，特别是与南京大学、南京信息工程大学、成都信息工程大学等高校合作时间长、范围广、影响深，为气象科研业务发展提供了有力的支撑。然而，调研高校科技成果在气象部门转化情况来看，转化率较低、基础研究与业务应用存在壁垒是不容忽视的现实。本文收集 2016—2020 年南京大学等国内 39 所高校在气象部门转化应用的科技成果，调研中国气象局天气预报科技成果中试基地和北京市气象局在高校科技成果转化方面的具体案例，基于高校科技成果在气象部门的转化现状，分析存在的问题，提出推动有效转化的建议。

一、高校科技成果在气象部门的转化急需加强

（一）局校科研合作项目多，成果转化应用少

调研发现，2016—2020 年尽管国、省两级气象部门与相关高校合作科研项目达到了 900 项，但 39 所高校在气象部门转化应用的科技成果仅为 143 项，占比约 15.9%。这是因为相比成果应用，高校科研人员更关注于申请项目、发表文章等。而气象部门更关心能够业务应用、产生实效的科技成果，如数值预报模式技术、灾害性

---

[1]研究指导：王志强

天气监测技术、气象探测技术等,这些又恰恰是高校相关基础研究中的薄弱领域。从2016—2020年高校科技成果转化涉及领域看,卫星遥感(7.7%)、大气探测(6.4%)、环境气象(4.9%)这些气象业务急需的领域均占比偏少。

(二)科技成果中试基地成果转化平台的作用发挥不足

目前高校与气象部门科技合作主要以科研人员合作申报项目实现,缺乏组织层面的机制支撑,从而导致高校教师不了解气象部门需求,气象部门对于高校产出的科技成果也知之甚少,信息交流不畅。由于气象部门业务工作的实效性,高校科技成果一般不能直接应用到气象业务系统中,需要经过中试转化,检验成熟后才能移植到气象业务系统。2016—2020年,中国气象局批准成立了4个科技成果中试基地,为高校科技成果在气象部门转化应用搭建了平台,但是这些中试基地主要集中在国家级业务单位中,省级气象部门很少,制约了高校科技成果在气象部门的转化。

(三)科技成果转化激励措施少,高校教师动力不足

2015年出台的《中华人民共和国促进科技成果转化法》(2015年修订)第四十五条中规定,对于完成、转化职务科技成果做出重要贡献的人员给予奖励和报酬的提取比例不低于该项科技成果转让净收入或者学科净收入50%的比例,北京、上海、广东等地方政府将科技成果转化收入分配比例提高到了60%~70%,有效地激发了科技人员开展成果转化的积极性。调研显示,天气预报科技成果中试基地以及北京市气象局目前对于已经转化的高校科技成果均没有进行成果转化交易。高校科技成果转化仍旧以科研项目的合作方式进行,一定程度导致高校教师对于开展科技成果向气象部门转化应用缺乏积极性,意愿不高。因此,还需要气象部门主动作为,通过机制体制的变革鼓励和引导高校在科技成果转化上以业务需求为导向。

二、思考和建议

(一)建立以行业需求为导向的科研立项机制,提高科研效能

我国气象科技领域的主战场就是中国气象局气象业务服务的需求,高校科技人员围绕数值预报、灾害性天气监测预警以及智能气象探测等气象关键核心技术开展攻关,解决我国气象领域的"卡脖子"技术应大有用武之地。要建立以行业需求为导向的高校科研立项机制,在国家气象领域的重大科技攻关任务中,发挥气象行业主管部门的主导、协调作用,调动高校、科研院所主动融入、主动服务业务研发的积极性,充分发挥科研项目负责人的科研主体作用。要做好气象科研统筹布局,合理调配高校、科研院所以及气象部门科技力量开展联合攻关。例如,在开展地球系统数值预报

模式研发过程中,充分发挥高校科技人员基础理论水平高、跟踪国际科技前沿知识紧密的特点,引导高校以及科研院所的科技人员开展模式参数化方案以及生态、化学、海洋、海冰等模式子模块的技术研发。利用气象部门科技人员掌握观测资料齐全、对业务熟悉的特点,重点开展模式框架、耦合系统以及资料同化等的研制,提高我国气象科研的整体效能。

(二)建立局校科技成果交流机制,提升成果转化效率

建立气象部门与高校科技成果交流机制,搭建合作交流平台。气象部门科研业务单位以及高校定期在这个平台发布科研需求和成果展示,为科技成果的供需双方提供衔接。定期组织召开高校和气象部门科技业务技术交流会,促进高校科技人员与气象部门业务人员的沟通和交流。大力推进中国气象局科技成果中试基地的建设,鼓励高校与气象部门业务单位联合共建中试基地,使高校在参与中试基地的建设过程中,熟悉和了解中试基地的运行流程以及气象部门业务单位的科技需求,以提升高校科技成果在气象部门的转化应用效率。

(三)引导高校完善科技人员考核评价机制,发挥导向作用

党的十九大以来国家出台了一系列人才评价政策,大力破除人才评价中的"唯论文、唯职称、唯学历、唯奖项"四唯倾向,要求建立以注重质量、贡献、绩效为导向的人才评价机制,将成果转化效益、科技服务满意度等作为人才评价的重要评价指标。局校合作过程中,要引导高校建立多元的科研评价体系和绩效考核机制,鼓励建立分类多元的科研评价机制。在对社会公益性研究、应用技术开发等类型的科技人才评价中,弱化SCI(科学引文索引)和核心期刊论文发表数量、论文引用榜单和影响因子排名以及承担科研项目要求,注重科技人员的成果在行业部门转化应用的成效,注重科技成果的实际贡献。在人才评价体系中引入社会评价、同行评价、市场评价、服务对象评价,鼓励高校科技人员与气象部门紧密合作,把科技成果应用到气象业务服务中,支持气象事业高质量发展。

(四)完善气象科技成果转化激励政策,激发创新活力

在气象部门内部选取科技成果转化应用较多或有积极性的单位(例如中国气象局天气预报科技成果中试基地)开展高校科技成果转化收益分配试点,在实践中建立高校科技成果在气象部门转化、评价、交易、分配等规章制度,比如改变科技人员的现行考核评价体系,把项目绩效、成果及专利的转化率、转移转化及推广应用收益列入考核的重要指标中,逐步形成科技成果转化激励制度体系,为高校科技成果在气象部门转化应用提供政策保障,提高科技成果供需双方开展转化应用的积极性,提高气象科研业务服务水平。

气象助力实现"双碳"目标的主攻方向及实施路径

蒋兴文　孙大兵　于　敏　黄秋菊　王卓妮

中共中国气象局党校第 18 期中青年干部培训班专题研究小组

要点：本文结合气象部门实际，从《关于完整准确全面贯彻新发展理念做好碳达峰碳中和工作的意见》《2030 年前碳达峰行动方案》等多个国家文件中挖掘气象部门大有作为的主攻方向，对标国家需求分析当前气象部门在助力实现"双碳"目标过程中存在的短板和弱项，并提出解决问题的实施路径：一是需求引领布局全国业务，提升气象服务"双碳"目标的硬实力；二是搭台唱戏联合各方力量，提升气象服务"双碳"目标的行动力；三是突出重点率先示范引领，提升气象服务"双碳"目标的牵引力。

新时代如何更好地发挥自身优势助力国家实现"双碳"目标，是气象部门围绕生态文明建设面临的重要机遇和挑战。《纲要》提出要"强化生态文明建设气象支撑"，明确了要"强化应对气候变化科技支撑""强化气候资源合理开发利用"。贯彻落实《纲要》要求，需要深入学习国家政策文件并调研气象部门现状，从而明确气象部门有所为的主攻领域以及实现路径。

本文结合气象部门实际，深度学习《关于完整准确全面贯彻新发展理念做好碳达峰碳中和工作的意见》（简称《意见》）、《2030 年前碳达峰行动方案》等多个国家文件，在政策调研、专家访谈的基础上，分析得出气象部门在助力"双碳"目标实现中的主攻方向，同时，对标国家需求，提出当前气象工作中存在的不足，提出解决相关问题的实施路径。

一、气象助力实现"双碳"目标的主攻方向

（一）助力新能源的规模开发和高质量发展

《意见》提出要"加快构建清洁低碳安全高效能源体系""优先推动风能、太阳能就地就近开发利用"。风能、太阳能等新能源的开发利用受气象条件影响显著，且风能、太阳能资源集中的区域如西北、东北以及海上往往是气象监测和预报的盲区和短板。因此，气象部门急需发展和加强重点区域的风能、太阳能监测和预报业务，从而为国家推动风能、太阳能等新能源规模开发和高质量发展提供科学支撑，为加快构建清洁

低碳安全高效能源体系助一臂之力。

（二）助力气象相关领域实现绿色低碳转型发展

《意见》提出，要"加快推进低碳交通运输体系建设"，要"提升城乡建设绿色低碳发展质量"，并提出了"提高铁路和水路在综合运输中的承运比重""建设城市生态和通风廊道、增强城乡气候韧性"等具体目标。调研发现，气象部门在交通气象、城市保障等方面印发了相关文件和工作方案，并在具体推进中取得了一定成效。例如，联合相关部委开展交通气象服务，针对城市建设开展城市暴雨强度制定、城市通风廊道设计、海绵城市建设策划等，但总体来说，面向社会重点领域的气象服务还不完备。以交通气象服务保障为例，海上交通气象观测刚刚起步，基于影响的交通气象服务产品研发和生产能力不足，与相关部委联合的交通气象资源在共建共享共用方面的业务布局尚未形成，须着力强化铁路和水路的气象保障能力。再如，城市气象保障工作在深度、广度、标准化、业务化等方面还有很大的提升空间。因此，气象部门急需在重点领域的气象服务保障中强化整体策划和提升能力，从而助力相关领域实现绿色低碳转型发展。

（三）助力不同类别生态系统的碳汇增量提升

《意见》提出要"巩固生态系统碳汇能力""持续增加森林面积和蓄积量""加强草原生态保护修复""整体推进海洋生态系统保护和修复"。上述目标的实现离不开对不同生态系统的碳汇能力评估和温室气体浓度的实时监测。调研显示，中国气象局拥有 7 个大气本底站，部分省也陆续建设少量的温室气体浓度观测站点，在监测评估方面整体布局和谋划，分别在青海、山西、浙江、江苏、广东、湖北、江西等多省气象局成立了温室气体及碳中和监测评估中心分中心，基本建成了温室气体及碳中和监测核查评估系统，但目前全国观测站点布局尚不能满足温室气体精细化评估的需求，急需构建温室气体和碳通量监测体系。

（四）助力中国深度参与全球气候治理

《意见》指出，要"发布我国长期温室气体低排放发展战略，积极参与国际规则和标准制定，推动建立公平合理、合作共赢的全球气候治理体系""支持共建'一带一路'国家开展清洁能源开发利用。大力推动南南合作，帮助发展中国家提高应对气候变化能力"。中国气象局作为 IPCC 深度参与单位，同时作为国家气候变化专家委员会挂靠单位，有责任和义务助力中国深度参与全球治理。目前，中国气象局已印发了《中国气象局加强气候变化工作方案》，提出围绕助力"双碳"目标实现强优势、拓领域，开创气候变化工作新局面，明确了"十四五"期间气象助力国家"双碳"目标的重点工作，并依托国家气候中心成立气候变化中心，包括气候变化战略研究、气候变化监测预估和气候变化影响适应三个研究室用以支撑相关研究和业务工作。未来,还需要进一步强化相关职能以更好支撑国家应对气候变化工作。

除了上述四个主攻方向外,中国气象局在气候变化归因及影响、全球气象服务、"双碳"标准计量体系建设等领域也应发挥部门已有优势,紧跟国家战略需求进行创新和拓展。

二、气象助力实现"双碳"目标的实施路径

气象助力国家"双碳"目标的实现,既要树立长远的战略目标,也要围绕短期目标提供满足现实需求的定向服务产品。就长远目标看,需要高起点谋划相关工作,以符合气象高质量发展的战略需求;就短期目标看,需坚持有所为、有所不为的基本原则,突出重点任务和目标,优先大力支持前期基础好且具有明显部门优势的专业方向和地区率先发展,以达到示范带动全国发展的效应,具体实施路径包括如下几个方面。

(一)需求引领布局全国业务,提升气象服务"双碳"目标的硬实力

调研发现,围绕新能源开发和绿色低碳转型的气象保障尚有较大提升空间,具体体现如下:在观测数据方面,气象观测在卫星、雷达、地面观测等方面较为成熟、数据丰富,而在温室气体、碳通量、风能太阳能等观测尚未形成体系;在观测设备方面,新型观测设备的精度、观测环境、安装与维护以及相应的产品未形成成熟的标准体系,尚处于边研究边应用的阶段;在覆盖领域方面,面向内陆河道的气象观测较少,海洋气象观测更少。上述短板造成围绕"双碳"目标实现的气象保障在技术研发和业务服务上跟不上国家需求。

为此,需要在充分调研国家需求的基础上,强优势,补短板,统筹谋划,合理布局,持续提升"双碳"气象服务的硬核力。一要构建形成国省联动的气象服务业务格局。国家级和省级气象部门要结合各自优势各司其职、互为补充、形成合力。国家级业务单位以标准制定、技术研发、业务系统建设、基础产品开发等业务为主,省级气象部门以观测站网建设、服务需求反馈、业务产品订正和本地化应用等业务为主。二要优化气象观测站网布局,在充分调研需求的基础上进行站网设计,既不重复建设,又避免有盲区盲点,特别是在专业气象观测数据格式和标准体系方面要提前谋划和设计。三要提升风云卫星和第二代碳卫星全球温室气体监测能力,特别是在数据质量上下功夫,提高中国气象卫星观测数据的国际影响力。

(二)搭台唱戏联合各方力量,提升气象服务"双碳"目标的行动力

"双碳"工作是国家重大战略,《意见》进一步明确了气象服务"双碳"目标实现的主攻方向,不管是新能源、低碳转型还是碳汇、气候变化,这些工作的高质量发展都需

要多方力量共同参与。一方面,面对气象助力"双碳"目标实现过程中急需开展的主攻方向,仅仅依赖于气象部门已有的人才队伍和业务基础很难实现。另一方面,调研发现,高校、科研院所、科技企业等各方力量对于风能太阳能等新能源开发、绿色低碳转型等相关气象技术研发和服务保障的意愿强烈,但各个机构之间尚没有建立良好的融入和合作机制。此外,与"双碳"密切相关的温室气体及碳中和监测、气候变化、气候治理等问题涉及多学科交叉融合,需要跨学科、跨部门、跨领域合作。

基于上述原因,气象部门应主动作为,承担起搭台唱戏、汇聚人才的职责,吸引各方力量共同参与。一要将"双碳"气象服务工作纳入省部合作协议。省市县气象部门主动对接地方需求,积极从地方政府争取站网建设和维持等经费与人员支持。二要建立更为灵活的人才引进机制,由于"双碳"涉及领域既新又广,急需学习能力和创新能力兼备的跨学科人才,要在待遇、团队、项目、配套等方面予以倾斜,提升人才的归属感和成就感。三要发挥优势加强合作,如在风能、太阳能、交通气象服务、城市气象服务等方面,气象部门要充分发挥气象数据和业务平台方面的优势,吸引和鼓励高校、科研院所、企业参与相关技术研发和服务供给,组建攻关团队,开展针对性的气象服务技术攻关,集合力共同提升气象助力"双碳"的质量和效果。

(三)突出重点率先示范引领,提升气象服务"双碳"目标的牵引力

"双碳"工作中的气象保障涉及面广,方向众多,以气象部门为例,除了《中国气象局加强气候变化工作方案》《中国气象局提升气候资源保护利用能力的指导意见》等以助力实现"双碳"目标为主的政策文件外,还有大量工作散落在多个方案和规划中。此外,从碳达峰到碳中和,跨度几十年,气象在其间所主攻的方向和领域也需要逐步推进、逐一攻关。在有限人力和物力情况下,短期内必须突出重点,然后实现以点带面的发展。然而,调研发现,气象部门围绕"双碳"目标开展的重点工作不够聚焦和明确。例如,在机构设置上,气候变化中心不是独立法人机构,不纳入机构编制核定范围,形成合力存在困难。在科技创新方面,面向不同行业领域的需求差异巨大,从而导致气象科技助力重点行业提质增效上较为疲软。在人才培养方面,高校在碳达峰碳中和相关专业及课程设置上尚不够有力,气象部门在该领域的高水平人才更是稀缺,专业人才储备不足已经成为重要的问题之一。

针对上述问题,需要深入总结和分析,基于气象系统各部门的工作基础,考虑到区域优势和服务领域的差异性,优先支持地方需求旺盛且前期气象部门深度融入的省市建成示范,提升气象服务"双碳"目标的牵引力。一是优先在青藏高原和东北地区开展不同生态系统碳汇能力的监测和评估示范,二是在京津冀、长三角、珠三角和成渝地区开展温室气体及碳中和监测核查精细化评估应用示范,三是在青藏高原和新疆开展陆地太阳能风能资源开发气象服务应用示范,四是在长江流域开展水上运输精细化气象服务应用示范。

从跨学科视角看气象如何助力实现"双碳"目标

杨　萍　周　圻　王志强

中国气象局气象干部培训学院(中共中国气象局党校)

要点:本文基于学科交叉以及跨学科研究的相关理论,结合《纲要》提出的"加强气象跨学科人才培养"这一任务,从气象与相关学科交叉融合的视角理解和阐述"双碳"问题。分析"双碳"目标实现中需要开展跨学科合作的三大重点方向,提出如何通过气象工作的"跨学科"助力实现"双碳"目标的三条建议:一是从顶层设计上谋划气象工作的"跨学科"合作;二是从制度机制上搭建气象工作的"跨学科"平台;三是从主攻技术上锁定气象工作的"跨学科"领域。

《纲要》明确提出"加强气象跨学科人才培养,促进气象基础学科和应用学科交叉融合,形成高水平气象人才培养体系"。这一要求不仅是对气象人才提出的要求,更是对气象工作发展方向的定位,表明了气象工作绝不是气象部门的一枝独秀,而是要求气象人要站在国家和社会的视角不断挖掘气象与各领域、各行业的深度融合。

"双碳"目标作为国家重大战略决策,关系经济发展、行业转型、新兴领域发展、生产生活方式调整等,兼具长期性、复杂性、艰巨性,其涉及面之广、难度之大、问题之复杂绝非单一学科或领域所能涵盖。气象科学与生俱来的"跨学科"特征使其与能源安全、资源开发利用、生态环境保护等领域关系密切,气象工作理应在助力"双碳"目标实现中大有作为。本文从实现"双碳"目标对气象科学发展的新需求入手,分析目前在实现"双碳"目标过程中气象科学与其他学科交叉融合的现状和问题,提出助力推进"双碳"目标实现的决策建议。

一、实现"双碳"目标需要气象工作的"跨学科"助力

(一)能源开发利用需要气象"跨学科"助力

"双碳"目标的深层次背景是在生态文明新形态下构建环境友好型、资源节约型社会,核心是绿色低碳转型,关键是从传统化石能源向高比例可再生能源转型发展。据研究,到2030年,我国非化石能源的一次能源消费比重要达到25%左右,风电、太

阳能发电总装机容量要达到12亿千瓦以上。合理开发利用风能、太阳能等可再生能源,不仅是政策问题,更是科学问题,如果不科学分析资源总量、可开发量、地域分布特征等,就难以为制定风能太阳能的发展建设规划、宏观选址、有序开发、合理利用等提供科学依据。经过多年发展,气象部门已经初步建立了风能太阳能资源监测、评估和预报业务,开展了精细化风能太阳能资源评估,并形成了风能太阳能监测和预报能力。在"双碳"目标愿景的引领下,开展更为精细化的风能太阳能资源评估、更加精准的风能太阳能预报以及持续提升风能太阳能资源延伸期预报能力,都需要气象科学的"跨学科"赋能。

(二)能源安全运行需要气象"跨学科"助力

可再生能源发电比例要不断提升是推进"双碳"目标实现的必然趋势。但风、光等气候资源的间歇性和不稳定性使风电、光电具有显著的波动性特点。开展更加精准的风能、太阳能发电功率预报,对于增强并网调峰调度水平、提高现有装机规模的利用时数和运行时数、提升风能太阳能等新能源的安全高效运行至关重要。同时,气候变化引起极端天气气候事件不断增多增强,高温、雨雪冰冻、强风、暴雨、雷暴、沙尘暴等灾害性天气增大了电力基础设施受损的可能性,从而造成更加严重的能源安全隐患。美国加州"8·14"停电事故(2020年)和德州"2·14"停电事故(2021年)都是由极端天气气候事件引起,而可再生能源发电系统在应对极端天气气候事件时的调节能力不足。此外,可再生能源的大规模开发意味着风电、光伏发电装机量将出现数倍乃至数十倍的增长,大规模风、光电站的开发利用也可能对气候、生态、环境产生影响,这些都需要气象学科与多学科交叉融合发展,进而提供更科学的论证。

(三)生态环境保护需要气象"跨学科"助力

气候是自然生态系统中最为活跃的因素之一,研究气候及气候变化的相关科学问题是理解自然生态系统变化最重要的领域之一,全球变暖增幅一旦达到气候变化临界点,将导致难以逆转的气候巨变。已发布的IPCC第六次评估报告第一工作组报告从物理科学的角度指出,在限制全球变暖的过程中,既要控制二氧化碳的累积排放量,又要控制其他温室气体排放。加强生态系统修复和保护,主动顺应气候规律,需要在科学应对气候变化、统筹开发利用空中水资源、有效防御气象灾害、合理利用气候容量、着力改善气候环境等方面加强跨学科研究,为生态环境保护提供更加有影响力的决策选择。

二、如何通过气象工作的"跨学科"助力实现"双碳"目标

（一）从顶层设计上谋划气象工作的"跨学科"合作

调研发现，高校、科研院所等气象学科建设的主力军在学科设置中，仍以单一学科作为整体单元进行推进，对国家发展实际需求的关注度不够高，从而导致培养的学生以大气科学为主导的单一学科的科研思维意识过强，对其他学科的关注不够。《纲要》明确要求要"加强气象跨学科人才培养，促进气象基础学科和应用学科交叉融合"，这对帮助高校和科研院所打破学科界限、推动气象跨学科融合具有指导性意义。要贯彻落实《纲要》上述要求，持续促进气象基础学科和应用学科交叉融合，急需从顶层设计层面谋划气象工作的跨学科合作。

第一，跨学科规划与方案并举。气象部门要进一步加强顶层设计，建立跨部门协调机制，依托局校合作、国际合作等方式开展跨学科合作，统筹考虑"双碳"目标下气象学科与其他学科交叉融合的发展规划或工作方案，根据短期经济复苏、中期结构调整、长期发展转型等多个时间尺度，制定阶段性目标。

第二，跨部门协同与推进并举。实现"双碳"目标，需要资源、环境、能源、工业、建筑、交通、材料、海洋、农林、气象等各个领域和行业的科技创新和技术推广，形成合力完成温室气体减排目标。气象部门要主动联合高校、科研院所、行业协同合作，共同策划和选题，围绕能源转型、温室气体减排、污染治理等领域制定选题指南并全社会发布，合理推动经济发展与环境治理协同增效。

第三，跨学科研究与合作并举。气候系统的定量评估、风能太阳能等新能源的精细化特征、灾害性天气的影响等科学问题需要各方力量共同合作开展跨学科研究，气象跨学科研究与气象高质量发展息息相关，气象部门应主动作为，牵头联合各个部门建立稳定支持机制，争取设立跨部门的联合实验室或跨学科的国家重点实验室。

（二）从制度机制上搭建气象工作的"跨学科"平台

调研发现，由于气象相关部门和机构发展目标的差异，在搭建跨学科平台上一直存在着合作的壁垒。一方面，气象部门以服务保障国家需求为主要任务，气象业务是重点，服务为首要责任，由于业务分工不断细化、服务更加专业化，客观上导致专业技术人员知识复合程度不高、储备较为单一、对非业务急需的知识和技能学习动力不足，影响了高水平跨学科人才和团队的培养。另一方面，高校目前主要是"学校—科技处—院系（同类学科）—研究所—教师"的格局，以纵向、单向管理为主，对不同学科之间的交叉融合形成了事实上的阻碍。要打破这一局面，助力推进"双碳"目标的实现，搭建共享合作的"跨学科"平台刻不容缓。

第一,搭建跨学科学术交流平台。不可否认,由于各个行业的分工越来越细化,气象领域同样存在业务与科研脱节、科研与服务脱节、学科融合壁垒等问题。气象部门可牵头定期组织跨学科的学术交流会议,给不同领域不同方向的学者搭建学术交流的平台。

第二,搭建跨部门数据共享平台。高质量的气象数据是开展气候变化研究的重要基础,高质量的数据是取得科研突破的关键,但是,数据的质量控制工作通常由不同机构独立开展,导致业务机构、科研部门、科研人员等多方力量都在从事气象数据质量控制工作,既不集约,也不高效。急需搭建跨部门的数据共建共享平台,让气象数据成为提高研究和业务效果的助推器。

第三,搭建跨领域人员互通平台。推进"双碳"目标,核心是既能稳步推动经济发展,又能有效应对气候变化,这就需要各个行业、各个部门、各个领域的学者相互学习、通力合作、优势互补。瞄准"双碳"目标,气象部门已经采取行动,对气候变化中心、温室气体及碳中和监测、风能太阳能服务等部门的优势力量进行重组,目的是加强统筹、促进融合。未来,气象部门还可以对相关重点攻关领域给予人、财、物等方面的重点扶持,吸引高校、行业、企业相关人员进行跨领域深度合作,增强解决复杂综合问题的基础能力。

(三)从主攻技术上锁定气象工作的"跨学科"领域

美、日、英、德、法等发达国家在 20 世纪 70 年代已经开始进入碳达峰阶段,相比之下,我国要在十年内完成碳达峰的目标,任务难度很大。调研发现,受制于行业和学科的条块分割,我国在能源、气候、环境、社会等多个领域的跨学科研究,不管在深度还是广度上,和发达国家的差距明显。推进"双碳"目标实现是一个长期和艰巨的国家战略,要发挥气象贡献,急需明确重点领域,在重点领域和关键技术上发力。

第一,在绿色低碳转型上强化跨学科技术研发。绿色低碳转型发展作为实现"双碳"目标的重要途径,其核心是转型。转型不仅是能源结构的转型,还有发展方式的转型,实现这种转变并非意味着不再消耗能源和资源,而是要实现能源的可再生和资源的循环利用,充分利用风能、太阳能等与气象具有密切关系的绿色能源是重点,因此,气象部门要充分发挥与多领域学科的交叉渗透优势,提升新能源预报预测准确度,加强对能源低碳转型的技术支撑。

第二,在国家重大决策中发挥跨学科智库作用。气象部门应更加关注气象学科与其他学科的交叉、与相关重点领域的融合。一方面,要重点加强气候变化脆弱区相关研究,为国家基础设施布设、生态系统影响、金融等方面的政策制定提供科学支撑。另一方面,要重点加强与多行业的技术合作和产品融合,为国家电力、能源等产业结构布局、空间规划以及减排方案等政策的制定提供科学依据。

第三,在区域协同发展上锁定重点跨学科方向。我国区域发展不平衡现象客观存在,不同区域之间在科学研究、经济发展水平、资源分布等方面存在较大差异,我国天气、气候特征同样具有明显的地域差别。一方面,要推广大气科学研究成果与区域资源利用、绿色转型等的有效结合,在关键区数据融合和应用共享、分时分区可再生能源预报预测、区域高影响天气预警及能源安全等关键技术上与电力、能源、金融等行业开展更有效的融合。另一方面,要做好体制机制、政策标准、规划方案的衔接,汇聚各个地区的人才资源形成互联互通的跨学科网络,从整体上构建有利于实现"双碳"目标的学科交叉融合发展格局。

碳中和目标下美欧气候变化政策及启示[1]

郑秋红　杨　萍　张定媛　马旭玲　李婧华　吴　灿　王志强

中国气象局气象干部培训学院(中共中国气象局党校)

要点：党的二十大报告从生态文明建设和人类命运共同体的高度统筹布局碳达峰碳中和目标，指出实现碳达峰碳中和是一场广泛而深刻的经济社会系统性变革，要求积极稳妥推进碳达峰碳中和，积极参与应对气候变化全球治理。本文系统梳理美欧在碳中和目标下应对气候变化的政策导向及其特点，目的在于帮助深入了解气候变化全球治理的国际态势，结合我国积极稳妥推进碳达峰碳中和目标实现汲取有益启示。

2020年9月，习近平主席在第七十五届联合国大会一般性辩论会上郑重提出中国"二氧化碳排放力争于2030年前达到峰值，努力争取2060年前实现碳中和"。为此，中国政府制定了碳达峰碳中和"1＋N"政策体系框架，紧锣密鼓出台了一系列相关政策。党的二十大报告更是明确提出要"积极稳妥推进碳达峰碳中和""积极参与应对气候变化全球治理"。本文全面梳理美国、欧盟、英国、德国和法国碳中和目标下的气候变化政策，分析其特点及对中国的启示。

一、美欧政策导向分析

(一)美国——气候实用主义

拜登政府在气候问题处理上具有浓厚的实用主义色彩，将气候问题作为"外交政策和国家安全的基本要素"，希望通过应对气候变化来解决一系列内政外交问题。拜登早在竞选期间就提出"在2050年之前实现温室气体净零排放"，在上任第8天签署"关于美国应对气候危机的总统行政指令"并提出一揽子行动计划，包括成立白宫气候政策办公室、国家气候工作组等，以及重申2050年实现碳中和、2035年电力系统

---

[1]本文得到中国气象局软科学研究重点课题"气象科技自立自强的路径探索和策略研究"(2022ZDIANXM20)和中国气象事业发展咨询委员会研究项目(2022—2023)"提升我国气象科技核心能力的国际比较研究"的支持

实现净零碳排放目标等。2021年2月,白宫成立气候创新工作组,作为国家气候工作组的重要组成部分。

2021年4月,拜登政府在美国主办的全球领导人气候峰会前夕宣布,到2030年美国温室气体排放量将比2005年减少50%～52%。同年11月发布《迈向2050年净零排放的长期战略》,公布了美国实现碳中和目标的时间节点与技术路径,同月,拜登还签署了一项总金额达1.2万亿美元的《基础设施投资和就业法案》,以通过改善交通、电力、港口等领域的基础设施来减少碳排放。美国在行业减排上持续发力,拜登政府于2021年12月宣布一项关于提高燃油经济标准的计划,美国能源部于2021年11月提出"碳负增长倡议"。2022年8月,美国通过《通胀削减法案》,计划在气候变化和能源安全领域投资3690亿美元。此外,拜登政府还希望通过气候政策解决就业问题,希望美国未来能在清洁能源方面引领世界,增加绿色基础设施及相关的创新产品和就业机会。

(二)欧盟——积极部署"绿色复苏"

2018年11月,欧盟委员会发布《给所有人一个清洁星球——欧洲建设一个繁荣、现代、有竞争力的气候中性经济体的长期战略愿景》,首次提出到2050年实现碳中和的愿景。这一目标获得欧洲议会和欧洲理事会的批准,并于2020年3月提交联合国。

2019年12月,欧盟委员会公布"欧洲绿色协议",旨在构建欧盟经济绿色转型的政策框架,推动在2050年前实现碳中和。协议发布后,又迅速出台了系列政策辅以实施:其一,欧盟委员会于2020年1月公布"绿色协议投资计划",协助"欧洲绿色协议"旗舰计划融资;其二,针对受绿色转型影响严重的地区,欧盟提议建立"公正过渡机制",通过公正过渡基金等方式帮助那些受转型影响较大的会员国、城市和公众顺利过渡;其三,欧盟认为颠覆性的技术创新对于实现"欧洲绿色协议"的目标至关重要,提出了"地平线欧洲"创新计划,其中有超过35%的预算用来资助气候领域的创新。

将2050年实现碳中和目标纳入法律也是"欧洲绿色协议"的核心内容之一。2021年6月,欧盟通过《欧洲气候法案》,法案中设定的碳排放目标为2030年与1990年水平相比减少55%,2050年实现碳中和。2021年7月,欧盟委员会提出应对气候变化的一揽子计划提案,为实现减排目标规划了路径;同年12月,推出应对气候变化计划第二部分的提案,旨在加快推进净零排放目标;2022年6月,欧盟进一步提出了碳排放交易体系改革方案,以帮助实现其气候目标。

2020年以来,面向行业、社会和公众,欧盟委员会先后公布了《欧洲工业战略》《循环经济行动计划》《欧盟氢能战略》《能源系统一体化战略》《离岸可再生能源战略》《从农场到餐桌战略》等。2020年12月,欧盟启动《欧洲气候公约》,使公民和社会各界能够参与到应对气候变化的行动中。

（三）英国——气候变化委员会发挥重要政策影响力

英国气候变化委员会是英国根据 2008 年《气候变化法案》（简称"2008 年法案"）成立的独立咨询机构，对英国气候目标和气候政策制定具有强大的影响力。在参考委员会建议的基础上，英国政府拥有最终决策权。迄今为止，英国政府在重大气候变化相关决策上，一直遵循该委员会的建议。

2019 年 5 月，气候变化委员会建议将 2050 年目标修改为"净零排放"。6 月，英国政府制定了《2008 年气候变化法案（2050 年目标修正案）》，提出到 2050 年温室气体排放量与 1990 年相比减少 100％的目标（"2008 年法案"为 80％），该法案于 6 月 27 日生效，英国成为全球首个通过净零排放法案的主要经济体。2020 年 12 月，时任首相约翰逊在气候雄心峰会上宣布，到 2030 年温室气体排放量与 1990 年相比至少减少 68％（此前该目标是 53％）。2021 年 4 月，英国计划将 2035 年减排目标提高至78％。为此，英国政府提出一系列保障措施：2020 年 11 月，提出了"绿色工业革命 10项计划"，该计划涵盖清洁能源、交通、自然和创新技术等领域，旨在推动英国在 2050年之前消除其导致气候变化的因素；12 月，发布《推动零碳未来》能源白皮书，指出要实现碳排放净零目标，英国清洁能源发电量需要比当前增加 4 倍；2022 年 4 月，英国政府公布《英国能源安全战略》，力争到 2030 年 95％的电力来源于低碳能源，2035 年之前使该领域"脱碳"；此外，英国还于脱欧后立即启动了本国碳排放交易体系。

2019 年 10 月，气候变化委员会向英国财政部提出发起脱碳资金评审，作为英国到 2050 年向净零经济过渡得到公平资助的重要政策保障。2019 年 11 月，英国财政部宣布，开始对英国向净零经济转型的成本进行评审，并于 2020 年秋季发布评审报告，阐述向净零经济过渡期间指导决策的原则。这是英国首次进行净零排放评估，将给英国最大限度地利用绿色经济转型带来的经济增长机会提供金融保障。

2020 年 12 月，气候变化委员会发布《英国第六个碳预算》，对英国 2033—2037年温室气体排放做出限制，同时给出实现路线图，以帮助实现在 2050 年前净零排放。报告指出，英国自设定净零排放目标以来，气候行动的经济和社会背景已经发生很多变化，目前面临的重要挑战之一是确保公正转型，让公众更广泛参与转型进程与政策制定至关重要。

（四）德国——强调立法先行

2019 年 11 月，德国联邦议院通过《德国联邦气候保护法》，首次以法律形式确定中长期减排目标：到 2030 年温室气体排放比 1990 年减少 55％，到 2050 年实现净零排放。2021 年 5 月，德国联邦政府内阁通过修订版《德国联邦气候保护法》草案，将碳中和目标提前至 2045 年，2030 年的减排目标提高到 65％。

德国政府提出了碳中和主要实现路径:一是推进退煤行动,2018 年政府成立"退煤委员会",建议最迟于 2038 年前逐步淘汰燃煤发电;2020 年 7 月,德国议会通过《减少和终止煤炭发电法》,确定了德国逐步淘汰煤炭的具体路径,规定了如何淘汰硬煤和褐煤,以及怎样对强制关闭的燃煤电厂经营者提供相关补偿。二是启动本国碳排放交易体系,作为针对欧盟碳排放交易体系之外行业的补充,重点帮助减少供暖和运输部门的碳排放。基于《燃料排放交易法案》(2019 年 12 月),德国排放交易管理局制定了《国家排放交易体系:背景文件》,确定排放交易体系的基本原则、覆盖范围与责任方、流程与运行模式。三是发展绿色能源,2020 年 6 月推出了《国家氢能战略》,拟大力发展氢经济,计划让氢能成为其脱碳战略的核心部分并领衔全球绿氢技术;2022 年 7 月,德国联邦议会通过《可再生能源法》(EEG2023)修正案等一揽子能源法案,旨在帮助德国摆脱化石能源依赖、加速绿色能源发展。

(五)法国——能源转型和"公众参与"

法国作为最早提出绿色经济理念的国家之一,在应对气候变化问题上始终保持积极态度。2019 年 11 月,法国政府颁布《能源与气候法》,将能源政策与气候目标结合起来,首次在法律上明确未来要逐步淘汰化石燃料,承诺在 2035 年之前关闭 14 座核反应堆,使核能在其电力结构中的份额减至 50%,同时使可再生能源发电量增加近 2 倍。2022 年 2 月,法国总统马克龙在视察东北部城市贝尔福时宣布一项全新能源转型计划,计划通过大力发展可再生能源和核能,加速推动生态转型,在应对气候变化挑战的同时满足电力供应需求,确保碳中和目标如期实现,该能源转型计划的工作重点包括在减少能源消耗方面继续投资、重拾并发展核能、大规模部署可再生能源等,旨在引领法国未来 30 年能源转型发展,未来 5 年,马克龙政府计划每年投入 100 亿欧元用于支持相关举措。

2022 年 7 月,《应对气候变化及增强应对气候变化后果能力法案》在法国国民议会投票通过,于 8 月正式颁布。该法案内容涉及公路交通、航空交通、建筑节能改造、学校教育、广告投放等多个社会生活领域。值得一提的是,这是第一次由民众直接参与制定的法案,法案的基础正是法国公民气候公约委员会所提 149 项提案中的 146 项。法国生态转型部部长芭芭拉·蓬皮利表示,"这一法案将会帮助法国社会向环保进一步转型"。

二、美欧应对气候变化政策的特点分析

(一)美欧均强调发挥领导作用

如其他领域一样,拜登政府重视在应对气候变化方面发挥美国的主导作用,在

2021年1月签署的总统行政指令中,提出美国将通过联合国、G7(七国集团)以及G20(二十国集团)等多边机制"发挥领导作用,促进大幅提高全球气候目标"。拜登当选后多次就气候变化问题展开双边或多边会谈,包括美中、美法、美欧、美日印澳、美俄等。其中,中美两国分别于2021年4月和11月两次发表应对气候变化的联合声明,被认为为中美重启对话释放了积极信号。欧盟希望从推动"欧洲绿色协议"以及到2050年实现碳中和来获得应对全球变暖的领导地位,在2021年参加气候峰会前夕,欧盟紧急达成了《欧洲气候法案》临时协议,并于当天完成分类法案,欧洲议会环境委员会主席帕斯卡尔•康芬表示:"赢得气候战的唯一方法,是开展高标准竞赛。随着拜登上台,我们会面临领导权问题,那更好。"欧盟委员会执行副主席弗兰斯•蒂默曼斯评论道:《欧洲气候法案》加强了我们在全球作为应对气候危机斗争领导者的地位。

(二)美欧彰显推动提高全球减排的雄心

美欧推动提高全球减排雄心有两个突出表现:一是突出"气候危机"一词,极力主张1.5 ℃温控目标,强调"主要排放国负有重大责任",虽然《联合国气候变化框架公约》第二十六次缔约方大会(COP26)最终没有将"保持在1.5 ℃以内"写入《格拉斯哥气候公约》,但大篇幅提及1.5 ℃目标有关内容。二是将淘汰化石燃料提上日程,《格拉斯哥气候公约》指出,应逐步减少煤炭使用,最初的文本是"逐步停止(phase out)",由于印度等一些发展中国家在最后时刻的动议,最终的文本变为"逐步减少(phase down)"。这是联合国气候变化大会的宣言中首次提到化石燃料,意味着谈论终结化石燃料的禁忌已经被打破。

(三)美欧设置单边绿色壁垒的倾向已然可见

随着新兴经济体的兴起,世界经济格局和政治格局都在悄然发生变化,以美欧为首的一些西方经济体出现以反对全球化为核心的政策变化。新冠疫情后,单边主义、贸易保护主义抬头更加明显,这在气候变化领域也有体现。例如,在欧盟委员会2021年7月提出的一揽子环保提案中包括"碳边界调整机制",欧盟将对从碳排放限制相对宽松的国家和地区进口的水泥、铝、化肥、钢铁等产品征税。外界对欧盟开征碳关税是否符合现行贸易规则存有疑虑,认为这是欧盟的单边绿色壁垒。

(四)美欧实现碳中和目标依旧面临挑战

拜登政府的各项承诺能否实现,关键要看政策推进力度。美国前总统奥巴马曾承诺2025年碳排放量比2005年降低26％～28％,目前美国尚未实现其一半目标。拜登政府的1.75万亿美元《重建更美好法案》(Build Back Better)包含了美国在应对气候变化方面有史以来最大的一笔投资,高达5550亿美元。由于美国的气候变化政策历来受两党更替影响很大,国会中期选举正在进行中,拜登政府的气候政策能走多远,发挥多大效果,还存在诸多不确定性。

欧盟"欧洲绿色协议"的实施同样阻力重重。从能源转型角度来看,欧盟成员国发展的不均等性制约了协议的实施,东欧国家经济发展对于传统能源的依赖性较高,一定程度上会阻碍能源的清洁发展进程。从产业转型的角度来看,欧洲关键战略价值链上的智能交通、物联网等行业普遍集中于德法这样的工业强国,其他国家的相关企业则缺少竞争力,从而导致经济转型无法在欧盟内部同步实现。从资金投入的角度来看,欧盟虽然出台了"绿色协议投资计划",设定了公正过渡基金以及疫情后复苏基金,但能够真正用到绿色协议实施中的资金并不充分,此外,这些基金是否可以获得以及之后如何进行分配都是政策实施过程中面临的挑战。

三、美欧气候变化政策对我国的启示

(一)立法保障"双碳"目标实现

中国在碳达峰碳中和政策体系建设方面注重顶层设计,近两年快速出台了系列相关政策,但各个领域的政策尚需进一步衔接。例如:工业领域涉及的钢铁、有色金属、石化、化工等重点行业均没有正式出台碳达峰碳中和方案和技术路线图,交通领域亦是如此;全国碳交易市场目前只纳入了发电行业。欧盟、英国、德国和法国都通过了碳中和相关立法,以法律形式来保障中长期减排目标,相比之下,中国在气候变化相关立法方面还面临挑战。从碳达峰碳中和国家战略以及系列顶层设计和研究看,开展气候变化立法的条件已日趋成熟,中国气象局可将《中华人民共和国气象法》(简称《气象法》)立法修订与国家气候变化立法的潜在可能进行"绑定"思考。

(二)发挥科学技术支撑绿色转型的核心作用

从各国家和地区实现碳中和目标均面临诸多困难、尚存在不小差距的现状可以看出,要实现气候目标,仅有政策层面的设计是不够的,还要有具体可行的路线图和技术方案。各项低碳减排政策的实现都需要以科学技术做支撑,科学技术在绿色转型中无疑发挥着核心作用。

据不完全统计,我国2021—2022年新成立的各类低碳相关机构有几十家之多,分散在各部门、行业、研究所、大学、地方政府和企业等,这些机构之间缺乏沟通协作。虽然中国与西方国家的国情不同、政治体制不同,但仍可借鉴英国气候变化委员会这样能在国家气候变化政策制定方面发挥权威作用的独立科学和政策咨询机构的有益经验。气象部门可以充分发挥现有机构作用,强化在应对气候变化方面的科学和政策咨询功能,对碳达峰碳中和目标的相关问题定期进行跟踪评估,提供科学的咨询建议。

（三）重视应对气候变化过程中的转型风险和公众参与

欧盟在"欧洲绿色协议"发布后，为确保公正转型，提议建立一个包括公正过渡基金的《公正过渡机制》，以保证受影响较大的会员国、城市和公众顺利过渡，还启动了《欧洲气候公约》，使公民和社会各界都能参与到应对气候变化的行动中来；英国气候变化委员会认为让公众参与转型进程与政策制定至关重要；德国在《退煤法案》中，明确为煤炭淘汰地区的转型和发展提供财政支持；法国首次尝试了让公众深度参与应对气候变化法案的制定。上述经验表明，构建低碳社会过程中的转型风险和公众参与其解决方案是值得深入研究的课题。气象部门担负应对气候变化的关键角色，在长期实践中已积累了较为成熟的相关科普和传播经验，在低碳社会转型过程中要进一步发挥好这一优势，通过组织承办国际活动、定期发布气候信息、拓宽传播途径和方式等，帮助公众深化对气候变化的认知，扩大公众在应对气候变化方面的参与度。

（四）为全球气候治理贡献中国智慧

2020年12月，习近平主席在纪念《巴黎协定》达成5周年的气候雄心峰会上讲话指出，秉持人类命运与共的理念，坚持多边主义，坚持绿色复苏的气候治理新思路，形成各尽所能的气候治理新体系。结合当前国际国内形势，中国需进一步在全球气候变化治理中贡献中国智慧，气象部门作为从事气候变化相关问题研究的重要机构，在全球气候变化治理中大有作为。第一，在气候变化政策和研究上要整体布局，不仅重视气候变化科学研究的学术支撑，也要加强对气候变化工作的战略设计，提高气候变化科学研究为政府决策服务的效果；第二，加强科学研究支撑和成果应用，气象部门在保持和增加科研投入的同时，特别要加强不同学科的交叉融合，开展有组织的联合研究，注重基础研究成果向服务的转化；第三，提升国际影响力，贡献全球气候治理的中国智慧，通过多边双边磋商，努力寻求共识和共赢局面。

重塑格局，做优做大做强气象国企的思考

张 迪 刘 钧 卫晓莉 冷家昭 姚锦烽 张志强 王 力

中共中国气象局党校第19期中青年干部培训班专题研究小组

要点：本文以做强气象部门国有企业为切入点开展气象国企改革发展的调研，通过现状分析和问题梳理，提出了重塑气象部门国有企业格局、优化企业布局、改变"小低散"、加大政策支持力度等发挥国有企业支撑气象服务的四条建议：一是重塑气象国企在气象服务高质量发展中的格局；二是优化企业布局，积极融入经济主战场；三是改变"小低散"，做优做大做强气象服务国有企业；四是加大政策支持力度，促进企业提质增效。

党的二十大报告指出，深化国资国企改革，加快国有经济布局优化和结构调整，推动国有资本和国有企业做优做大做强，提升企业核心竞争力。国有企业是中国特色社会主义的重要物质基础和政治基础，是党执政兴国的重要支柱和依靠力量。气象部门国有企业（简称"气象国企"）在气象事业发展中发挥了重要作用，也必将成为实现气象服务高质量发展目标的重要依靠力量。

一、气象国企发展面临的新形势

面对新阶段、新形势、新要求，从国有企业使命与定位看，气象国企必须服务于气象高质量发展，成为新征程气象现代化的重要市场主体；从国有企业改革与发展看，气象国企要把握战略机遇，顺应变革趋势，切实增强竞争力、创新力、影响力和抗风险能力，提高企业活力和效率。

（一）国家安全对气象国企发展提出新要求

党的二十大报告要求强化国家安全治理能力，强调统筹发展与安全。经济安全是国家安全的重要内容，而国有企业是国家经济安全的战略支撑。因此，气象国企发展要强化国家安全意识，进一步积聚精兵强将向国防军工、远洋导航、能源资源、粮食供应、重大基础设施建设运行、行业关键核心技术研发等关系国家安全、国民经济命脉的重要行业和关键领域集中，尤其要有竞争意识，力争打破国外气象企业对某些领域的长期垄断。

（二）国有企业改革为气象国企发展带来新动能

建设现代化经济体系，国资国企改革将呈现更大的力度、更切实的措施。党的二十大报告对国有企业改革作出新的重要部署，企业核心竞争力成为国有企业做优做大做强的衡量标准，世界一流企业由"培育"转入"加快建设"阶段。气象国企应主动作为、抓住机遇，在提升全球竞争力上下功夫，力争培育若干个在世界范围内有一席之地的龙头企业，形成一批有较好成长性的"专精特新"中小企业，适度扩大气象产业规模，提高气象产业的质量和效益。

（三）经济社会高质量发展为气象国企发展带来新需求

随着公众对美好生活的向往和经济社会高质量发展，精细化、个性化、定制式、全球化的气象服务需求凸显，目前主要由事业单位承担的以公益性为主的气象服务产品已不能满足日益增长的气象服务需求。应发挥气象国企快速跟踪和响应用户需求、灵活及时配置人财物资源、与用户多形式融合发展的优势，为用户打造响应及时、伴随定制的全球气象服务业态。

（四）新一轮科技革命蓬勃发展给气象国企发展带来新机遇

新一轮科技革命和产业变革正在迅猛发展，不仅改变了人们的生活方式，也深刻改变了生产方式。5G 技术开启了万物互联的新时代，为气象融入生产发展，面向各行各业提供数字化、精细化、智能化多场景气象服务提供了必要的基础设施。需求侧的改变，必将引发供给侧的变革，未来气象装备、信息服务、软件工程的交叉融合将成为必然，为气象国企推动新一代信息技术和企业传统业务融合创新提供新机遇。

二、做优做大做强气象国企的相关建议

科技变革催生气象服务业态改变、供给结构优化、技术产业升级，数字化、智能化成为气象高质量发展方向。气象部门三年国企改革虽然取得一定成效，但从整体情况看，除华云、华风两个较大的集团公司外，气象国企"小低散"的状况仍然没有变，企业经营效率偏低仍然没有变，作为气象事业的补充地位仍然没有变。"非知之艰，行之惟艰"，面对日益突出的供需矛盾，气象国企在新时代生存和发展还需要付诸实践探索和艰辛努力。

（一）重塑气象国企在气象服务高质量发展中的格局

对标国企改革目标和气象服务高质量发展要求，新时代气象国企定位应从"气象服务的补充力量"向"气象服务的重要支柱和依靠力量"过渡，推动气象国企成为气象

融入经济主战场的主力军、气象服务科技创新的新高地、全球气象服务的领头雁。要加快建设在世界范围内有一席之地并具有一流水平的气象服务企业，填补涉及国家安全、国计民生重点领域的气象服务空白，提高气象科技的内涵和服务产业的效益，若干年内实现营收和利润翻番，培育出上市企业，气象服务市场竞争力、科技创新力、国际影响力显著提升。

（二）优化企业布局，积极融入经济主战场

推动供给侧资源要素向重点领域集中，引导气象国企聚焦主责主业，充分利用市场资源更多投向远洋导航、能源、重大基础设施建设等国计民生重点领域气象高敏感行业，鼓励气象服务企业与气象装备企业、气象软件企业跨领域融合创新。加强国省联动、事企协同，优化调整气象国企布局和结构，省级与国家级单位建立资源共建、利益共享、责任共担机制，以及根据项目贡献实现利益分配的协同机制。以央企气象保障服务为试点，采用"揭榜挂帅""赛马制"，遴选最具实力的单位参与科研和服务，在竞争中激发气象国企发展动力和潜能。

（三）改变"小低散"，做优做大做强气象服务国有企业

通过树品牌、增活力、促上市的战略实施，创新企业发展机制，提升企业核心竞争力。一是引导企业品牌化国际化发展。探索在公众、能源等服务领域打造全国统一的系列气象服务品牌，建立品牌培育、运营、质量保障和管理体系，加速海外气象服务市场布局。二是提升企业科技创新活力，将研发投入指标纳入企业目标考核，鼓励以企业为依托单位建设中国气象局重点开放实验室，完善企业牵头承担国家重大战略科技项目和工程任务的"业主制"模式；鼓励气象事业单位与气象国企建立知识产权保护和转让授权机制，落实不受工资总量核定限制的人才激励政策；探索利用项目合作等方式吸引事业单位人才到企业开展协同攻关，构建市场、用户、第三方深度参与的企业人才评价体系，将企业重要人才纳入中国气象局和省级气象部门人才计划，打造若干具备市场竞争力的气象服务团队。三是支持打造气象服务上市企业。中国气象局层面可加强组织，引导拟上市企业量身定制上市计划，特别在"改制与设立股份公司""尽职调查与辅导"阶段，协调解决企业持续盈利能力、关联交易、财务、合规性、项目合理性、客户信赖等问题。

（四）加大政策支持力度，促进企业提质增效

加强党对气象国企的全面领导，弘扬企业家精神，持续推进气象国企改革，加快建设中国特色现代企业制度。一是完善气象国企支持政策和监管体系。各级气象部门通过政府购买服务方式支持气象国企更多承接气象服务；加快推动核心数据资源安全管理，统一气象数据出口，避免数据资产流失的同时增加对气象国企的数据政策

扶持力度；坚持"两利四率"指标体系考核引导，加大社会效益在考核中的比重；积极争取政府支持设立产业投资基金，依托气象产业园，推动跨企业、跨区域、跨行业集成互联与智能运营，带动企业数字化转型；构建"政产学研用"协调联动的创新群落和战略科技力量体系，提升气象领军企业的科技创新能力和协同能力。二是发挥气象服务协会行业组织作用。积极利用协会平台，协力讲好气象故事，提高气象服务产业影响力和行业知名度；用好协会信息集散地作用，避免低水平重复建设和恶性竞争，科学规划国企发展；完善会员间知识共享机制，借助协会平台开展学习交流、参与职业教育治理、行业标准制订。三是构建"1＋3"平台。由国家级牵头，气象部门企事业单位共同参与，建立 1 套包括气象服务项目登记备案制度、产品检验评价制度、众创研发机制等的制度；研发专业气象服务业务支撑、气象服务信息管理、众创研发等 3 个系统；构建制度完备、支撑有力、部门协同、社会协作的"1＋3"气象服务产业链数字化协同创新管理平台，促进形成优势集聚、协同联动、权责对应、利益共享和规范有序的气象服务格局。

沙姆沙伊赫气候变化大会主要成果及启示[1]

马旭玲　李婧华　张定媛　刘东贤

中国气象局气象干部培训学院（中共中国气象局党校）

要点：2022 年 11 月 6—20 日，《联合国气候变化框架公约》第二十七次缔约方大会（COP27）在埃及沙姆沙伊赫召开期间，干部学院追踪国内外主流媒体和网站对 COP27 的报道，推送 COP27 核心议题讨论进展和各方评论信息。本文进一步梳理 COP27 通过的决议及 COP27 期间发起的主要气候行动，从提升应对气候变化科学水平、积极响应 COP27 决议和联合国倡议、做好可再生能源开发利用的气象服务三个方面进行深度分析，为气象部门深度参与全球气候治理提出参考建议。

2022 年 11 月 6 日，《联合国气候变化框架公约》第二十七次缔约方大会（COP27）在埃及沙姆沙伊赫召开，来自世界各地近 200 个国家的政府部门、工商业界、智库机构、新闻媒体和国际组织的 4 万余名代表参会。经过各国代表团长达两周的紧张谈判，在加时近 40 个小时后，大会于 11 月 20 日落下帷幕。各方同意批准设立"损失和损害"资金机制成为此次会议最亮眼的成果，但作为国际气候治理进程中一次过渡性会议，COP27 在许多关键议题上依然面临复杂局面。

一、COP27 主要成果

（一）COP27 通过 60 项决议，平衡中渐成共识

COP27 就《联合国气候变化框架公约》（UNFCCC）及《京都议定书》《巴黎协定》落实和治理事项，共通过 60 项决议，围绕减缓、适应、资金、损失和损害等议题达成了一揽子相对平衡的成果。

《沙姆沙伊赫实施计划》（Sharm el-Sheikh Implementation Plan，简称《计划》）作为本次大会的一号决议，是大会的政治成果文件。《计划》在序言中特别提到三点：第一，着重强调在实现可持续发展目标的大背景下，迫切需要以全面和协同的方式解决气候变化和生物多样性丧失这两个相互关联的全球危机；第二，认识到气候变化的影

---

[1] 研究指导：王志强

响加剧了全球能源和粮食危机,反之亦然;第三,强调日益复杂的全球局势及其对能源、粮食和经济形势的影响,以及疫情全球流行对经济复苏造成的额外挑战,不应该作为开倒车、倒退或降低气候行动优先次序的托词。《计划》主要包括 15 个方面内容,即科学性和紧迫性、强化雄心和实施、能源、减缓、适应、损失和损害、早期预警和系统性观测、实现公正转型的路径、技术转让和应用、能力建设、盘点、海洋、森林、农业、非缔约方的行动。《计划》重申坚持多边主义和"共同但有区别的责任"等原则,强调应对气候变化的紧迫性,呼吁各国提振雄心和加大实施力度,向低排放发展和具有气候韧性的发展转型,为推动《巴黎协定》全面有效落实注入了积极动力。

1. 首次设立"损失和损害"资金机制,但这一机制并非坦途

《计划》第 6 章"损失和损害"章节,欢迎与"损失和损害"资金安排有关的事项首次进入《联合国气候变化框架公约》缔约方大会(COP)和《巴黎协定》缔约方大会(CMA)的审议事项,还欢迎本次大会关于应对气候变化不利影响相关的"损失和损害"资金安排的事项的决定。

关于"损失和损害"的争论由来已久。COP27 上"77 国集团和中国"向大会提交新增"损失和损害"资金相关议题的提案,并将"损失和损害"资金安排首次纳入议程。各缔约方最终同意设立"损失和损害"资金机制,这是一项历史性突破,回应了发展中国家的诉求,释放出积极信号。但"损失和损害"资金来源仍待协商,资金机制的运行时间仍未确定。发展中国家缔约方一直呼吁资金机制在 2024 年能够运行,但在最终通过的决议中,这一时间线并未包括在内。目前,各缔约方同意设立一个过渡委员会,就如何在 COP28 上讨论实施新的资金安排提出建议,包括资金来源、资金分配方式和资金接受对象等。

2. 强调解决全球气候观测系统的现有差距及能源转型,但这两个领域困难重重

COP26 上,非洲国家代表反复强调早期预警与系统性观测的重要性,要求在"科学和紧迫性"章节中增加系统性观测,认为这对于早期预警和应对十分重要,但最终《格拉斯哥气候公约》的文本中没有包含上述内容。本次大会首次将"早期预警和系统性观测"作为《计划》一个单独的章节,体现出非洲主席国的主场关切。

《计划》"早期预警和系统性观测"章节,强调需要解决全球气候观测系统的现有差距,特别是对发展中国家而言,差距更大;认识到世界上三分之一的地区,包括百分之六十的非洲,无法获得预警和气候信息服务,需要加强系统性观测,为减缓、适应和预警系统提供有用和可操作性的信息,以及更好地了解适应极限和极端事件归因的信息。

全球能源主要来自化石燃料,能源部门的温室气体排放量占全球温室气体排放总量的三分之二以上,是减少碳排放、应对气候变化的关键领域之一。根据国际可再

生能源机构(IRENA)数据,目前全球发电量仅 29% 来自可再生能源,碳排放继续呈上升趋势。在全球能源危机的背景下,特别是 2022 年俄乌冲突爆发加剧了区域能源市场的不稳定性,"清洁转型"与"能源安全"成为国际能源发展的关键词。

《计划》首次将"能源"单独成章,强调迫切需要在所有部门立即、深入、迅速和持续地减少温室气体排放;认识到前所未有的全球能源危机凸显出能源系统快速转型的紧迫性,需通过在这关键的十年加快向可再生能源的清洁和公正转型等举措,使能源系统更加安全、可靠和有韧性;强调构建一个更强健的清洁能源组合的重要性,包括在所有层面发展符合本国国情的低排放能源和可再生能源来提升能源组合和系统的多样化,并支持公正转型。但会议并未就各国承诺加快减排步伐的具体措辞达成一致。

3. 减缓目标和措施以延续 COP26 为主,在减缓问题上未取得实质性进展

将全球变暖限制在 1.5 ℃ 的措辞,与 COP26 大体相同。COP26 的"减缓"目标是到 21 世纪中叶全球实现净零排放(包括二氧化碳之内的所有温室气体),确保 1.5 ℃ 的目标可以实现。而 COP27 对"减缓"的关注有所淡化,沿用了 COP26 文本的内容,"重申气温升高 1.5 ℃ 时气候变化的影响将大大低于气温升高 2 ℃ 时的影响,决心进一步努力将气温升高限制在 1.5 ℃ 以内"。

有关化石燃料的条款,仍然延续了 COP26 的内容。在削减化石燃料上,COP27 决议草案提出,到 2040 年,要在全球范围内逐步淘汰煤电,并逐步取消低效的化石燃料补贴。但 COP27 的最终决议没有提及终止化石燃料,也没有提到全球温室气体排放量到 2025 年应达到峰值。决议文本均沿用了 COP26 公约的文本内容,并未在此基础上取得进一步进展。COP27 强调了清洁能源组合的重要性,不仅呼吁增加可再生能源,还呼吁增加低排放能源。"低排放能源"这一概念是 COP27 新加入的内容,却没有给出明确的定义,这可能会为天然气等相对低排放的化石能源留下较大的发展空间。

未做更新的减排承诺,削减排放的雄心有所削弱。COP26 要求各国重新审视和提交与全球长期目标相协调的 2030 年国家自主贡献(NDC)目标。截至 COP27 结束,仅有 34 个缔约方提交了新的或更新的 NDC,其中只有印度、英国、巴西和澳大利亚是主要排放国。按照气候行动追踪组织(Climate Action Tracker)的说法,这些新 NDC 对模型运转结果基本无影响,全球排放依然走在 21 世纪末升温 2.2~2.4 ℃ 的轨迹上。联合国环境规划署(UNEP)也在一则报告中警告,延续现有减排承诺将致全球升温 2.8 ℃;若要达到 1.5 ℃ 的控温目标,2030 年前,温室气体排放量需再比现行政策下的排放量削减 45%。COP27 未作更新的减排承诺引发了普遍担忧,各方对于减排目标的主要分歧是应该着重关注进一步提高 2030 年前的减排目标力度,还是更强调将目前已有目标工作的切实落实。

（二）COP27 期间发起近百项气候行动与倡议，全球合作日益加速

COP27 促使世界各国、非国家行为主体作出气候行动承诺，为推进减缓和适应气候变化，提升气候韧性提供了契机。COP27 期间非国家行为主体共发起 70 项气候行动，其中解决适应差距与提升气候韧性 13 项，增加气候行动资金规模 20 项，加速行动 23 项，建立信誉与信任 14 项。COP27 还促成国际组织、不同国家之间达成了若干多边协议。本文梳理适应领域及减缓领域（以能源为代表）的主要气候行动。

1. 沙姆沙伊赫适应议程

议程由 COP27 大会主席与联合国气候变化高级别倡导者、马拉喀什伙伴关系共同发布，旨在团结国家和非国家行为主体，共同制定 2030 年所需的 30 项适应成果，涉及粮食和农业、水与自然、海洋和沿海地区、人类居住区和基础设施，以及规划和融资的整合方案。适应议程将加快国家、地区、城市、企业、投资者和民间社会的变革行动，以适应脆弱社区面临的严重气候危害。

2. 下一代可持续城市韧性倡议（SURGe）

由联合国人居署和宜可城-地方可持续发展协会（ICLEI）推动，旨在建立城市的承诺，并为实现可持续和具有韧性的城市系统提供一个整体框架。

3. 粮食与农业可持续转型倡议（FAST）

由主席国埃及和联合国粮农组织（FAO）启动，旨在提高气候融资的数量和质量，使农业和粮食体系在 2030 年之前实现转型。

4. 非洲气候变化适应和韧性倡议

该倡议由欧洲委员会与丹麦、法国、德国和荷兰共同发起。倡议包括四大行动支柱：加强区域和国家层面的预警系统；开发并实施气候与灾害风险融资和保险（CDRFI）工具和机制；提高公共部门的意愿和支持机制，以动员国际气候适应资金；支持气候风险数据的收集、汇总和分析，以改进相关决策过程。

5. 非洲公正和可负担的能源转型倡议（AJAETI）

由主席国埃及发起，旨在为所有非洲人提供清洁能源，同时满足非洲经济发展的能源需求。

6. 全球可再生能源联盟

风能、太阳能、水力发电、绿氢、储能和地热能行业的代表联合成立了"全球可再生能源联盟"。联盟为能源加速转型汇集了转型所需的所有技术。在确保实现目标的同时，该联盟还致力于将可再生能源定位为实现可持续发展和经济增长的支柱。

7. 全球海上风电联盟(GOWA)的扩张

比利时、哥伦比亚、德国、爱尔兰、日本、荷兰、挪威、英国和美国加入了 GOWA。该联盟旨在通过联合各国政府、国际组织和私营部门,缩小碳排放差距,加强能源安全保障,成为全球推动海上风电发展的重要力量。该联盟由丹麦、国际可再生能源署(IRENA)和全球风能理事会(GWEC)在 COP26 期间成立。

8. 关于绿氢和绿色航运的联合声明

十大领先航运组织和绿氢生产商承诺,到 2030 年,生产和部署绿氢的规模至少达 500 万吨,用于提供 5% 的零排放航运燃料,推动全球航运业逐步脱碳。

适应领域的气候行动,可以减少或避免极端天气事件、饥荒、健康问题等负面影响的出现。在能源领域,虽然在俄乌冲突下全球能源供应不稳定、能源成本大幅上升,各国对能源转型持谨慎态度,不少国家当前选择放缓绿色转型节奏,在推动绿色转型同时更加注重能源安全保障能力,但展望未来,随着各项气候行动的推进,可再生能源技术不断进步,成本继续下降,可再生能源在稳定性和经济性上的劣势将逐步缩小,能源转型的速度也会加快。

二、COP27 对气象部门深度参与全球气候治理的启示

COP27 重申坚持多边主义、坚持《巴黎协定》目标和"共同但有区别的责任"等原则,强调各方应切实将已经提出的目标转化为行动,合作应对紧迫的气候变化挑战。COP27 虽然在减缓问题上尚未取得实质性进展,但就发展中国家高度关注的适应、资金、损失和损害等问题取得了积极的阶段性成果。其中,大会决定建立"损失和损害"资金机制,有力回应了发展中国家诉求,也体现了各方推动多边进程的合作精神,成为本次大会的标志性成果,受到国际舆论高度关注和积极评价。总结 COP27 的谈判过程及最终成果,对气象部门深度参与全球气候治理有三点启示。

(一)提升应对气候变化科学水平,为全球气候治理提供坚实科学支撑

联合国气候变化大会深刻认识到将科学充分纳入决策的重要意义,确认科学对有效的气候行动和政策制定的重要性。COP26 在其一号决议中"严重关切地注意到 IPCC 第六次评估报告第一工作组报告的各项结论",并根据科学家所说的需要做些什么才能确保将气温上升控制在 1.5 ℃ 以内作出了回应。COP27 在其一号决议中"欢迎 IPCC 第六次评估报告第二和第三工作组的贡献""认识到气候变化对冰冻圈的影响以及需要进一步了解这些影响",从科学的角度制定行动框架。可以看出全球气候治理中科学与政策之间的互动日益紧密,IPCC 评估报告深刻影响国际气候谈判进程。

党的二十大报告提出要"积极参与应对气候变化全球治理"。中国气象局作为国

家应对气候变化重要的科技支撑部门之一,推进全球气候治理,需要重心前移,在气候变化的科学认知方面持续发力,深度参与 IPCC 科学评估进程,以坚实的科学研究支撑我国深度参与全球气候治理。一是要巩固优势,继续强化应对气候变化自然科学基础研究,深化对气候变化科学事实的认知;二是要适度拓展,加强气候韧性发展、风险管理、投融资等气候变化与社会经济、生态环境领域产生影响的交叉学科研究,促进气候变化相关交叉学科融合发展;三是要深化合作,在科研、业务能力提升的基础上,提升决策咨询能力,增强在气候变化影响、适应以及减缓等研究领域的政策影响力。

（二）积极响应 COP27 决议和联合国倡议,深入开展国际气象服务

COP27 将"早期预警和系统性观测"单独成章,强调需要解决全球气候观测系统的现有差距。COP27 期间,联合国秘书长古特雷斯正式公布了"全民预警行动计划",要求在 2023—2027 年初步进行 31 亿美元的新专项投资,涵盖灾害风险知识、观测与预报、备灾与应对以及预警传播等,通过实现极端天气和气候变化预警系统的普遍覆盖来保护地球上的每一个人。COP27 决议对此项行动表示欢迎。

中国气象局作为世界气象组织全球综合观测系统区域中心和世界气象中心（北京）,在早期预警与系统性观测方面,可以更为积极地响应 COP27 决议和联合国在 COP27 期间发起的"全民预警行动计划";要拓展与发展中国家的合作项目,推动其在气候预警、适应等方面的能力建设,不断丰富"一带一路"倡议合作内涵,提升全球监测、全球预报和全球服务能力;要加强总结中国气象局在早期预警和系统性观测方面的成功案例,与 WMO 及各方面共享共用。

（三）做好可再生能源开发利用的气象服务,推进我国能源结构绿色低碳转型

COP27 强调了能源转型的急迫性、能源危机下能源转型的特殊意义和优化能源结构的重要性。大会期间,在减少对化石燃料的依赖方面取得积极进展,如南非启动一项数百万美元的计划,支持从煤炭转向绿色能源;在巴厘岛 G20 峰会上,以美国和日本为首的国家联盟宣布将投资 200 亿美元支持印度尼西亚大幅降低对煤炭的依赖,转向可再生能源。非国家行为主体成立全球可再生能源联盟和扩容的全球海上风能联盟等。可再生能源投资规模不断加大,释放出能源积极改进的信号,能源转型正加速发展。

党的二十大报告提出要"深入推进能源革命""加快规划建设新型能源体系",对我国未来能源发展进行了战略部署。中国正以超前速度发展可再生能源,根据"双碳"目标"三步走"的路线,我国非化石能源消费比重将在 2025 年、2030 年和 2060 年三个时间点不断提升,最终比重达到 80%,完成这一目标,离不开风电、光伏发电装

机容量的大规模提升。"十四五"时期,我国风电和太阳能发电量实现翻倍。在助力能源结构转型,做好以风能、太阳能为代表的可再生能源的气象服务方面,气象部门大有可为。一是要加快完善风能太阳能等可再生能源监测预报预警业务及服务体系,提升可再生能源的气象服务能力;二是以精细化的评价为基础,科学规划可再生能源发展布局;三是加强大规模可再生能源开发对我国气候、生态和环境的影响研究,确保可再生能源开发与生态保护相融相处、均衡发展。

我国气象部门国家重点实验室发展现状与思考

童 杨 蔡金曼 杨 萍

中央党校中央和国家机关分校2023年春季学期
中国气象局党校处级干部进修班

要点:本文对标对表新时代全国重点实验室建设发展的新使命、新定位、新目标,将气象部门国家重点实验室放在全国重点实验室体系中进行对比分析和研究,提出气象部门重点实验室存在的主要问题和短板,对气象部门更好地开展重点实验室建设提出思考建议:一是瞄准国家战略需求,填补气象领域重点方向国家重点实验室建设空白;二是未雨绸缪,打好实验室建设组合拳,为实验室重组布局夯实基础;三是坚持多学科交叉,促进协同创新,强化气象相关领域体系化创新能力;四是培育创新主体,激发创新活力,建设培育气象科技人才聚集高地;五是强化国际合作,构建开放创新生态,积极融入全球气象科技治理体系。

国家重点实验室是我国开展高水平科研、汇聚创新人才、产出重大原创性成果的重要科技创新基地,是国家科技创新体系和国家战略科技力量的重要组成部分。党的十八大以来,以习近平同志为核心的党中央高度重视国家重点实验室的建设和发展,特别是2018年习近平总书记在中央经济工作会议上作出重组国家重点实验室体系的重要指示,国家重点实验室体系建设迎来新的发展机遇。气象事业是科技型、基础性、先导性社会公益事业,气象部门国家重点实验室建设发展关乎气象事业高质量发展,关乎人民美好生活需要,关乎强国战略实施。但从气象部门国家重点实验室的建设现状看,仅建有灾害天气领域的一个国家重点实验室,无论从实验室体量还是涉足领域看,与气象高质量发展目标和气象科技创新要求相比,均显力量不足。

本文着重分析国家重点实验室重组的新形势,重点梳理气象部门国家重点实验室的现状,提出了目前我国气象部门国家重点实验室建设存在的主要问题,并给出对策与建议,以期进一步促进气象部门国家重点实验室的建设发展,助力推动气象高质量发展。

一、气象部门国家重点实验室建设存在的主要问题

气象部门国家重点实验室在支撑气象科技创新和关键技术攻关,特别是气象业务重大科学问题研究方面做出了重要贡献,但是,将其置于国家重点实验室体系以及实验室重组的新形势中看,气象部门在国家重点实验室建设方面仍有不少需发力之处。

(一)实验室建设与国家需求的融入度不足

气象工作事关国计民生,影响社会经济发展,与防灾减灾、能源转型、生态、交通等领域联系紧密。气象部门现有国家重点实验室的建设以灾害天气基础研究为方向,以攻破灾害性天气规律和机理问题为目标,由于实验室数量少、研究方向相对集中,所以实验室在融入国家"双碳"目标实现、助力生态文明建设等领域涉足不够,造成了与国家重大需求的融入度不足等现实问题。

(二)气象部门协同共享深度不够

中国气象局作为气象科技创新的重要部门,承担着服务国家服务人民的使命,具有凝聚全国气象战略科技力量的责任担当。但在实验室建设方面,除了1个国家重点实验室之外,气象部门以推动建设局重点实验室为主,与中国科学院、高校等开放合作不足。分析全国地球科学领域44个国家重点实验室的建设现状发现,涉及气象或相关领域的重点实验室有30个,分布在中国科学院及各个高校中,急需气象部门加大开放合作、汇聚全国气象领域优势战略科技资源。

(三)统筹谋划实验室建设力度不足

2018年,党中央、国务院明确提出要重组国家重点实验室,形成结构合理、运行高效的实验室体系。在国家这一战略布局中,气象部门急需创造性地抓住和用好重组实验室的机遇。一方面,中国气象局在实验室重组上联合观测、预报、服务等核心业务单位共同谋划实验室重组工作的深度和力度还不足,有可能导致实验室研究成果与业务仍旧会存在转化困难、业务化应用缓慢等问题。另一方面,在调动省级气象部门以及外部门优秀科研力量方面的措施不够,利用重组机遇拓展气象部门重点实验室领域和方向的办法不足,有可能错失增设国家重点实验室、新建气候变化等关键领域国家重点实验室的机会。

(四)高水平人才特别是领军人才仍旧匮乏

高水平科技人才普遍不足是国家重点实验室建设中一个较为突出的现象,领军

人才不足这一现象在气象部门国家重点实验室中同样存在,甚至更为突出。与地学领域其他国家重点实验室相比,灾害天气国家重点实验室正高级职称及以上的人才在实验室总人数中占比 47.8%,在地球科学 44 个实验室的正高级职称占比中排名第 22 位,居中位。除此之外,实验室在数值预报、灾害性天气监测预警等关键核心技术领域的人才较为匮乏,一定程度上制约了实验室的发展后劲。

(五)实验室开展国际合作明显不足

近年来,气象部门国家重点实验室国际合作偏少、成效不显著的问题较为突出。以 2020 年为例,灾害天气实验室承办大型学术会议 6 次,仅有 1 次为国际学术会议。同时,实验室承担国际合作项目情况不容乐观,尚未达到地球科学领域国家重点实验室的平均水平。相比之下,中国科学院下设的两个气象类国家重点实验室当年承担的国际合作项目均排位较前。此外,从人才培养、论文撰写等方面均可以看出实验室在参与国际学术合作方面不足。

二、加快推进气象部门国家重点实验室建设的思考与建议

为进一步促进气象部门国家重点实验室的建设发展,结合气象科技发展方向及趋势提出如下建议。

(一)瞄准国家战略需求,填补气象领域重点方向国家重点实验室建设空白

党的二十大报告提出,要以国家战略需求为导向,集聚力量进行原创性引领性科技攻关,要加快实施一批具有战略性全局性前瞻性的国家重大科技项目,要构建新一代信息技术、人工智能、生物技术、新能源、新材料、高端装备、绿色环保等一批新的增长引擎。这些要求都为气象部门国家重点实验重组提供了新的思路和方向。一方面,气象部门应主动谋划,聚焦当前国家在气象领域的重大战略需求,系统梳理凝练国家急需的重大研究方向,加强与科技部等科技主管部门的沟通交流,以推荐高水平战略咨询专家等方式深度参与到全国重点实验室体系化布局工作中,推动国家在气象领域布局国家急需的重点方向。另一方面,要通过整合国内气象部门相关方向科研基地和科研团队,形成最具优势的科研力量组建全国重点实验室,在气候领域有待布局的重点方向填补国家重点实验室建设空白,进一步提升气象科学对国家战略需求及社会经济发展的支撑和服务能力。

(二)未雨绸缪,打好实验室建设组合拳,为实验室重组布局夯实基础

针对气象部门实验室数量少、规模小、优势科研团队分散、研究方向滞后等问题,

气象部门应进一步重视国家重点实验室建设。一方面,气象部门要增强战略性、主动性,把握机遇、超前谋划、统筹部署,发挥行业发展火车头的作用,打破气象领域各科研机构各自为战的局面,整合优势科研力量,以国家重点实验室重组为抓手,打好实验室建设组合拳,力争构建气象领域国家重点实验室、国防重点实验室、省部级实验室等科研基地协同发展的新格局。另一方面,要加强体制机制保障,给予气象部门重点实验室更多政策支持,在人、财、物等方面赋予更大自主权,健全多元化经费投入方式,进一步优化资源配置,完善激励原创性的评价导向,营造推动实验室高质量发展的学术氛围和体制机制,提高气象部门国家重点实验室核心竞争力,提升服务国家战略需求和高质量发展的水平,为实验室重组夯实基础。

(三)坚持多学科交叉,促进协同创新,强化气象相关领域体系化创新能力

习近平总书记2023年在中央政治局第三次集体学习时指出:"要优化基础学科建设布局,支持重点学科、新兴学科、冷门学科和薄弱学科发展,推动学科交叉融合和跨学科研究,构筑全面均衡发展的高质量学科体系。"这一重要论述为新时代推动不同学科、不同领域交叉融合和创新提出了新的要求。当前,气象服务广泛应用于农业、能源、海洋、环境、航空航天、天文空间等领域,在发展和应用过程中气象学越来越多地与信息、数学、物理等学科深度交叉融合。气象部门国家重点实验室尚未直接涉及事关国家重大需求的气候变化及应对、能源转型发展、人工智能技术等方向,尚未充分体现大气科学与农业、能源、生态、海洋等领域的学科交叉和融合创新。为更好地推动气象部门国家重点实验室学科交叉创新,一方面应主动打破部门壁垒,围绕国家需求,以重大项目为牵引,加强气象部门与高校、科研院所、企业之间的合作。另一方面,气象部门科研力量应积极参与农业、能源、环境、海洋、天文空间等领域涉及气象研究的全国重点实验室建设中,在不同学科领域合作过程中促进交叉创新,力争产出更多颠覆性创新成果。

(四)培育创新主体,激发创新活力,建设培育气象科技人才聚集高地

人才是科技创新的主体,也是科技创新活动中最为活跃的因素。经过多年发展,气象部门国家重点实验室已成为我国吸引、稳定、培养气象领域优秀科研人才的重要科研基地。但是,仍旧存在科研团队人员规模较小、领军科学家少、人才评价机制有待完善等问题。一方面,气象部门应进一步面向国内和国际广泛吸纳气象领域科技领军人才,特别是气象与其他学科领域交叉创新型人才,坚持优中选优,强化学术引领,遴选顶尖学术带头人。另一方面,要建立良好的人才绩效激励机制和科学评价机制,坚持"以事定人、择优竞聘、引育并举、开放流动"的选人用人方式,建立以创新价值、能力、贡献为导向的人才评价体系。此外,要充分尊重科研人员创新自主权,营造鼓励大胆创新、勇于创新、包容创新的良好氛围,既要重视成功,更要宽容失败,为科

研人员发挥作用、施展才华提供创新平台和环境。

（五）强化国际合作，构建开放创新生态，积极融入全球气象科技治理体系

以习近平同志为核心的党中央多次强调要加快建设科技强国，实现高水平科技自立自强。科技自立自强，绝不是要关起门来搞科技创新。在经济全球化深入发展的大背景下，科技创新资源在世界范围内加快流动，各国经济科技联系更加紧密，任何一个国家都不可能孤立地依靠自己力量解决所有科技创新的难题。因此，气象部门要坚持以全球视野谋划和推动气象领域科技创新，围绕全球气候变化与应对、"双碳"目标等全球关注热点，全方位加强实验室的对外开放合作，积极主动融入全球气候治理网络，积极参与和主导相关国际大科学计划和工程，发起和组织相关国际科技合作计划。此外，实验室要积极响应"一带一路"倡议，强化与"一带一路"共建国家在气象领域的深度交流合作，推动建设联合实验室等科研创新基地，全面提升我国在全球气候治理体系中的地位，提高国际影响力和规则制定能力。

美欧气候变化技术政策进展及启示[1]

马旭玲　李婧华　张定媛　刘东贤

中国气象局气象干部培训学院（中共中国气象局党校）

要点:本文重点聚焦 2022 年美欧气候变化技术和政策,系统梳理美国、欧盟、德国、英国和我国气候变化技术和政策走向,立足气象部门提升应对气候变化的科技支撑能力和深度参与全球气候治理,从加快推进气候核心业务与新技术应用融合、深化可再生能源开发利用气象服务保障、大力培养全球气候治理人才三个方面提出建议:一是不断提升气候变化监测预测能力,加快推进气候核心业务与新技术应用融合;二是深化可再生能源开发利用气象服务保障,助力绿色低碳转型;三是大力培养全球气候治理人才,助力提升中国国际话语权。

2022 年,全球气候变暖加速演进,极端天气气候事件频发,俄乌冲突引发全球能源危机,新的形势给全球气候治理带来新的挑战。分析美欧气候变化技术及政策走向,对我国推进"双碳"目标及深度参与全球气候治理具有启示意义。

一、技术上,美欧持续改进气候监测预测业务,布局新技术在气候业务中的融合发展

(一)发展气候监测预测技术,扩展全球业务能力

在监测技术领域,美国国家海洋和大气管理局(NOAA)发射了地球静止卫星 GOES-18 和新一代极轨气象卫星联合极地卫星系统－2 号(JPSS-2),将为天气预报模式、灾害天气预警、风暴观测、海面温度监测等提供数据。德国正式启动"德国温室气体综合监测系统"(ITMS),加强对碳排放踪迹的追踪。欧洲哥白尼大气监测服务(CAMS)第二阶段建立新项目"哥白尼二氧化碳服务原型系统"(CoCO$_2$),旨在建设从全球、区域和地方层面估算人为 CO_2 排放的原型系统(CO_2MVS),提供人为 CO_2 排放量监测和验证支持。在预测技术领域,美国国家气象局(NWS)开发了一个全球

---

[1]本文得到 2023 年度干部学院重点项目"碳中和目标和俄乌冲突背景下美欧应对气候变化的政策及启示研究"(2023CMATCZDIAN11)的支持

预报模式,重点进行两周到两个月(季节到次季节)的预报,将预报范围延长 4～7 天,NWS 还开发了一个实时气候归因分析产品,以了解次季节到季节预报的可预测性和技巧。桑迪亚国家实验室开发了改进的全球云解析大气模式——简单云解析 E3SM 大气模式(SCREAM),将首次实现对云进行更精确处理的多年气候模拟。

(二)利用超级计算等技术,提高气候预测和应对气候变化能力

德国气候计算中心引入新型超级计算机 Levante,它使德国全球地球系统模拟实现 1.2 千米分辨率技术里程碑,将为新的数值模式打开大门,能够研究气候变化的局部影响,如极端降水、风暴和干旱等。NOAA 与微软签署协议,利用微软云计算工具,帮助 NOAA 推进气候适应国家使命。英国气象局与微软合作,打造世界上最强大的天气和气候超级计算机,在未来 10 年里,超级计算能力将比现有能力增加 18 倍,可以改善预测,帮助应对气候变化,并确保英国在未来几十年保持在气候科学的前沿。

(三)加快推进人工智能、云计算、大数据等新技术应用,布局下一代天气气候研究和业务系统

欧盟委员会正式启动"目的地地球"(DestinE)倡议,目标是 2030 年之前开发出完整的"数字孪生"副本,其中气候适应数字孪生系统将为应对和减缓气候变化行动,提供观测和从全球到区域、国家层面的气候情景模拟。英国气象局宣布建立全新的、更灵活的且面向下一代高性能计算系统的下一代模式系统,重新制订和重新设计天气和气候预测系统的项目,并计划在 2027 年推出;发布《研究与创新战略》,在基础能力维度,通过部署数字孪生等技术变革国家天气和气候业务能力,将观测、模拟和人工智能结合在基于云的计算和存储上,并具有重新预测能力;发布《英国气象局数据科学框架(2022—2027)》,帮助实现机器学习和人工智能在天气和气候科学与服务领域的新前沿潜力。

二、政策上,美欧实现碳中和的长期目标并未改变,加速推进能源转型进程

(一)完善立法,明确可再生能源的战略优先地位

美国《通胀削减法案》正式立法,法案中大量条款与应对气候变化及清洁能源领域相关,投资金额达 3690 亿美元(其中 33 亿美元拟在未来 5 年拨给 NOAA),为美国该领域迄今为止最大规模的投资。欧洲议会通过《可再生能源发展指令》,将 2030 年可再生能源发展目标提升至 45%,该目标与 Repower EU 能源计划保持一致,体

现欧盟推进碳中和的决心。德国正式批准"复活节"一揽子法案,包括《可再生能源法》第七次修订,联邦政府首次将可再生能源定义为广义上的公共利益,并与国家安全挂钩,进一步明确可再生能源在国家战略中的优先地位。

(二)发布战略规划,明确可再生能源发展的战略目标

美国能源部(DOE)陆续发布《海上风能战略》《2022—2026 年地热能开发多年期计划》和《国家清洁氢能战略和路线图(草案)》,加速美国海上风电部署和运营的区域和国家战略,确定通过开发增强型电热系统和水热型地热资源,推动"电力零碳化"的目标,并计划 2030 年生产 1000 万吨清洁氢能源,2050 年达 5000 万吨。欧盟委员会发布"能源重振规划"(REPowerEU),从能源供应多样化、节约能源、加速清洁能源发展三个方面,快速推动绿色转型。欧洲八国签署"马林堡宣言",迅速扩大海上风电产能。英国发布《英国能源安全战略》,再度提高海上风电目标,加快太阳能发展,提升氢能目标。

(三)加大清洁技术投资,全面提升对可再生能源发展的资金支持力度

美国能源部投入 3.24 亿美元支持风能、水电、核能等技术发展。欧盟公布"欧盟-非洲全球门户投资计划",重点在绿色转型、数字转型等方面向非洲投资 1500 亿欧元,以期在可持续能源、气候韧性和防灾减灾等方面取得进展。德国 2023—2026 年,将提供约 1775 亿欧元用于促进环保、可靠和负担得起的能源供应和气候保护。英国研究与创新署宣布投入 250 万英镑资助可持续净零农业脱碳固氮技术等 10 个颠覆性清洁技术开发项目,重点关注农业、能源系统等行业的绿色转型。

三、对气象部门提升应对气候变化科技支撑及深度参与全球气候治理的启示

(一)不断提升气候变化监测预测能力,加快推进气候核心业务与新技术应用融合

瞄准地球系统科学发展和新一轮信息革命,提升应对气候变化的科技支撑能力,迫切需要拥抱新技术,推进气候监测预测核心业务与新技术的应用融合发展。

一是进一步提升我国气候变化监测能力,全面提升温室气体观测能力,探索卫星遥感等大尺度高精度碳监测手段的应用,推动卫星产品和数据投入应用,为我国碳达峰碳中和行动成效的科学评估与碳排放核算提供基础支撑;二是完善气候预测业务,改进气候预测模式,发展客观化智能预测业务,提升全球气候预测业务能力;三是适度超前迭代气象超级计算机系统,加快推进人工智能、云计算、大数据等新技术在气候监测预测业务中的融合应用及发展布局,加快赶超未来气候科学前沿。

（二）深化可再生能源开发利用气象服务保障，助力绿色低碳转型

俄乌冲突背景下，美国、欧盟、德国、英国都提升了可再生能源发展目标，中国正以超前速度发展可再生能源，天气气候条件与可再生能源系统安全稳定运行、供需变化等密切相关。

进一步做好可再生能源的气象服务保障，一是提升风能太阳能等可再生能源的观测能力，完善高时空分辨率资源数据，掌握我国风能太阳能不同时段不同区域的时空变化特征，为可再生能源开发提供数据支撑；二是研发精细化风能太阳能等可再生能源预报技术，完善风能太阳能资源开发潜力评估，科学规划可再生能源发展布局；三是加强极端天气气候事件的气象信息服务水平，全面提高可再生能源的抗气象灾害风险能力；四是加强气候变化背景下天气气候对可再生能源影响的科学研究，不断优化可再生能源发展布局。

（三）大力培养全球气候治理人才，助力提升中国国际话语权

美欧在全球气候治理领域一直处于主导地位，这得益于其一直努力培养、吸纳并留住全球最优秀、最有潜力的人才。

大力培养全球气候治理人才，一是引导有条件的高校和科研院所，加快布局建设一批具有适应性、引领性的全球气候治理领域专项高层次人才培养计划，培养和储备一批创新能力强的复合型高层次科技人才；二是积极谋划对传统专业升级改造，统筹规划全球气候治理的人才培养规模和交叉学科布局，为气象行业参与全球气候治理储备人才；三是根据全球气候治理人才的层次、类别和岗位能力要求，构建全覆盖、网格化的分层分类培训课程体系，发挥气象教育培训在全球气候治理高层次人才培养中的主体作用。

现代气象业务

专业气象服务高质量发展要抓住三个着力点

朱　平　陈德生　郭海峰　蔡杏尧　李春燕　黄秋菊

中共中国气象局党校第18期中青年干部培训班专题研究小组

要点:本文围绕专业气象服务高质量发展这一主题,调研了广东等6个省份在农业、旅游、交通等5个行业开展专业气象服务的情况,梳理了专业气象服务的现状和问题,在此基础上提出助力专业气象服务高质量发展的三个着力点:第一,"调""研"并举,着力挖掘专业气象服务用户需求;第二,"聚""用"结合,着力夯实专业气象服务内核内力;第三,"协""管"齐驱,着力推动专业气象服务联动发展。

《纲要》强调要"深化气象服务供给侧结构性改革,推进气象服务供需适配、主体多元"。发展更高质量的专业气象服务既是落实《纲要》的任务要求,也是气象部门为经济、政治、文化、社会和生态文明建设提供全方位、全领域、全时段保障服务的重要抓手。2019年,中国气象局印发《中国气象局关于大力促进气象部门专业气象服务改革发展的意见》。文件印发后,各地各单位均不同程度推进了贯彻落实举措。从全国来看,打破属地原则,建立了长江水运、远洋导航等若干服务联盟和15个特色农业气象服务中心,推动专业气象服务跨区域发展。从省级层面来看,不少省份结合本省实际制定印发了贯彻落实文件,在省市县联动服务方面进行了各具特色的探索实践。

本文基于2020—2022年6省(区)(广东、黑龙江、河南、海南、西藏、湖南)在5个行业开展的项目、需求以及响应需求提供的服务内容,开展统计和案例分析,梳理专业气象服务的现状和问题,在此基础上提出推进专业气象服务高质量发展的三个着力点。

一、"调""研"并举,着力挖掘专业气象服务用户需求

调研发现,专业气象服务的用户需求呈现明显的碎片化特征。要实现更为精细的专业气象服务,需要充分了解目标用户的需求。一般来讲,对气象服务有较大需求的用户,会在气象观测、预报、服务、信息化支撑等多个领域均有需求。本文基于6省开展的500余个专业气象服务项目以及获取的1500多条用户需求,用项目需求维度数(需求与项目总数的比值)来定量化反映用户需求链的覆盖程度。统计结果显示,农业、旅游、交通、电力、建筑等5个行业的专业气象服务均呈现较为显著的需求碎片化现象,特别是旅游行业的用户需求维度数最低,体现出气象部门在旅游业方面的用

户需求挖掘明显不足。

造成这一现象的主要原因包括:一是各省在开展专业气象服务过程中,往往是按照"自己有什么就提供什么"的思路来寻找潜在的"目标用户";二是气象部门与用户之间的相互了解不充分,气象部门对用户的专业气象服务清单式指引,导致用户需求的挖掘不够充分;三是各省气象部门调研用户需求时,往往是按照观测、预报、服务等分领域开展调研,不同领域之间的联合未打通,导致全链条用户需求不能完整获取。

针对这一问题,提出建议如下:第一,推行分层需求调查,确保用户需求"全准精"。要做出高水平的专业气象服务,特别是经得起用户检验、体现气象服务价值的工作,需要采用更为科学合理的需求调查方法,确保获取的用户需求全面、准确、精细。具体来说,需求调研应重视分层级的需求获取。第一层级为面上对接,分行业针对行业管理部门、行业运营主体等,了解该行业对气象服务需求的概况和主要特点,确保调研的全面性;第二层级为类别梳理,针对具体用户行业,从气象业务主线和用户行业的管理、运营等业务主线,梳理各项服务需求的类别,甄别需求的强弱,确保调研的准确性;第三层级是场景细化,针对具体用户的管理、运营场景,深度融入对方场景,站在用户视角挖掘和解读需求,确保调研的精细化。第二,重视调查结果的转化,避免需求与业务"两张皮"。需求调研的最终目的是做好专业气象服务的业务。因此,要充分发挥需求调研的作用,归纳梳理需求以引导服务能力建设,优化调研工具,建立行业用户需求的规范化模板、场景化用户需求清单等。

二、"聚""用"结合,着力夯实专业气象服务内核内力

调研发现,专业气象服务核心能力不足,不能有效满足用户需求是较为普遍的现象。缺乏满足用户需求的核心技术和产品,特别是在行业观测、影响预报、风险预警、模式模型、软件集成等方面能力明显不足,业务现代化建设的成果未充分体现到专业气象服务中。对气象服务支撑技术要求越高的行业,其开展的专业气象服务越不成熟。本文用需求响应率(气象部门提供服务的数量与总需求数的比值)这一指标定量化表征不同行业开展专业气象服务的情况,发现"中长期天气预测""常规天气预报""防雷工程检测"等普适性服务仍旧是专业气象服务的重点,"开展科研攻关""行业影响服务"等研究或技术支撑要求较高的气象服务领域则明显偏弱。

造成这一现象的主要原因包括:一是各单位对专业气象服务能力建设不够重视,较少针对用户需求开展有针对性的梳理、研究和技术研发;二是对专业气象服务的研究支持力度不够,调研发现各单位在专业气象服务方面科研项目投入普遍偏少;三是同级服务单位未形成有效联动,气象服务部门在用户不能提出精准需求或自身服务能力达不到时,往往选择不响应或者用粗犷产品替代;四是省市县各级之间的有效沟通不够,上级单位对下级单位的技术需求不够了解,导致科研指导不充分;五是各级

气象部门自身能力缺乏,特别是在新兴技术应用、软件系统开发、多样化硬件设备、市场营销资源等方面缺乏竞争力。

针对上述问题,提出建议如下:第一,要围绕三个方面聚能。一是注重气象部门自身聚能,要建立气象部门与用户之间的供需联动机制,要按行业需求模板、用户需求进行清单梳理和技术改进,已经业务运行的要强化服务应用和检验迭代,未业务化的要加速转化应用和针对性完善;二是注重本省气象部门之间的聚能,针对上下游各单位,强化气象观测、预报、科研、信息化与服务的联动发展,针对同级不同的服务提供单位,健全科技成果分类评价制度和汇交共享机制;三是注重行业内外多方聚能,要建立行业互动合作机制,促进与用户行业科研或市场主体合作,强化资源共享、技术共研、场景互融,要借助社会企业技术高效补短,在新兴技术、软件系统、硬件设备、市场营销等领域积极推进与外部企业的合作。第二,要围绕用户需求加强应用。一是建立行业服务能力清单,针对每个行业,对应行业需求模板,建立适应该行业需求类型的数据、产品、插件、模块、算法、模型、模式、设备等技术能力清单;二是建立服务单位案例清单。针对每个服务提供单位聚能情况,特别是省级单位,对应本单位开展或牵头开展具体项目的用户需求清单,建立本单位服务案例清单。行业服务能力清单、服务单位案例清单两个工具,是三个方面聚能做实、做细的保障,也是促进需求对接能力,体现需求调查和研究作用的途径,要结合需求调查的两个工具,共同促进专业气象服务高质量闭环式发展。

三、"协""管"齐驱,着力推动专业气象服务联动发展

调研发现,各级气象部门提供专业气象服务仍以单兵作战为主,高效协同发展明显不足。计算各部门联合开展气象服务的占比发现,农业、旅游、交通、电力、建筑这5个行业,多个单位联合开展专业气象服务的占比一般在20%～30%,电力行业相对最高,达到36%,交通行业最低,仅为17%;进一步对比6个代表省份开展联合气象服务的情况,发现广东最高,占比33%,其次是海南(20%)和河南(19%),但总体来说,不同机构在各行业之间联合开展专业气象服务的情况总体均不乐观。对联合程度最高的电力行业的需求响应率指标进一步分析发现,与其他行业相比,"开展科研攻关"这一指标在电力行业中需求响应率最高,这一定程度上说明联动合作对于提升专业服务的技术含量具有明显的推动作用。

造成这一现象的主要原因包括:第一,各单位内部分工不明确,导致专业气象服务较为无序,各自为战、恶意竞争的情况也有发生,从而导致联合协同难以推进;第二,省市县不同层级的功能定位还需要进一步理清,在调研广东省等开展专业气象服务的成功案例时发现,成立"市县讲人脉＋国省讲技术"跨层级团队,探索"市县提需求＋国省做研发"的联合模式,能够有效推动气象服务的科技创新和成果转化;第三,

专业气象服务制度化建设区域差异较大,广东、海南等合作成效明显的省份均重视编制制度并落地生效,强化规范化管理。

　　针对上述问题,提出建议如下:第一,要分析用户特点,找准重点行业后适需协同。从专业气象服务链条来看,国省级气象部门在技术能力类具有优势,市县基层气象部门在对接能力类具有优势,不同的用户需求侧重类别不同,需要针对具体情况,采用灵活的联动和集约模式;第二,要优化链条管理,明确定位后优势互补。省级气象部门作为供需两端对接的中心枢纽,要在本省设置专业气象服务管理岗位,明晰各服务单位(含事业单位、局属企业等)需求分析、服务能力建设等方面的具体任务和要求,通过规范管理促进各单位分工合作、优势互补;第三,要激发基层活力,多措并举实现联动发展。省级气象部门应建立重点项目报备制度,激发基层拓展服务需求和领域的积极性,通过成立专业气象服务联动发展小组、建立专家库等方式促进高效联动,对联动机制成熟、合作长期稳定的服务项目总结推广,为更多行业开展联动服务提供示范。

气象高质量发展服务保障气候安全有关问题研究

朱玉洁　闫　琳　李　威　陈　俊　赵现纲　赵培涛　郭艳岭

中共中国气象局党校第 19 期中青年干部培训班专题研究小组

要点：本文围绕"气象服务保障气候安全"这一重要问题，通过专家访谈、面向部门内外走访调研、面向公众调研等方式开展专题研究，并从气象如何服务保障气候安全的角度提出如下建议：一是加强服务保障气候安全顶层设计，二是厘清气候安全框架下气象部门职能定位，三是找准服务保障气候安全的着力点与突破口，四是探索建立服务保障气候安全的国省市县四级业务体系，五是加强国际国内复合型专业人才培养。

党的二十大报告明确指出"统筹维护和塑造国家安全，夯实国家安全和社会稳定基层基础，完善参与全球安全治理机制，建设更高水平的平安中国，以新安全格局保障新发展格局"。气候安全作为一项非传统安全，与综合防灾减灾、应对气候变化、生态环境治理、资源保护利用等密切相关，是国家环境安全、资源安全和生态安全的重要组成部分，是经济社会高质量发展的重要基础，更是建设中国式现代化的根本保障。

中国是典型的季风气候国家，受地理位置、地形地貌和气候特征等因素影响，气象灾害种类之多、范围之广、发生频次之高、极端性之强、影响之重超过世界上绝大多数国家，也是全球气候变化的敏感区和显著影响区。随着经济社会的快速发展，气候与气候变化已经对我国粮食安全、能源保供、水资源、生态环境、重大工程等诸多领域构成严重影响，气候风险水平趋高，由气候变化引发的一系列气候安全问题也逐步浮出水面，并持续得到全社会的关注重视。

一、气候安全问题已经引发广泛关注

最近 50 年全球变暖正以过去 2000 年以来前所未有的速度发生，气候系统不稳定性加剧，气候变化正深刻影响着全球政治、经济与社会环境安全，全球气候治理进程和形势更加复杂，保障国家气候安全刻不容缓。

党中央历来高度重视气候安全问题。2015 年 10 月，习近平总书记在中共中央政治局第二十七次集体学习发表讲话，将气候变化与资源能源安全、粮食安全、网络信息安全、打击恐怖主义、防范重大传染性疾病等重大安全问题并列,提出加强国际社会合作,应对全球挑战。2016 年 1 月,习近平总书记在主持召开中央财经领导小组第十二次会议专题研究森林生态安全问题时明确提出了"气候安全"这一重要概念。2015 年,《第三次气候变化国家评估报告》也指出气候变化对国家安全具有重大影响。2016 年,政协委员宇如聪在两会期间呼吁将气候安全纳入国家安全体系。2022 年,时任中国气象局局长庄国泰在《光明日报》发表署名文章《气候风险日益加剧 适应行动迫在眉睫》。气候安全问题逐步提出并引发越来越多的关注。

二、气象服务保障气候安全机遇与挑战并存

(一)气象保障国家气候安全具备良好基础

一是在气候观测领域,已经建立了相对连续、稳定的大气圈观测网络,气候系统其他圈层观测和数据收集方面也形成了初步架构和能力。国家气候观象台、国家大气本底站、国家基准气候站、国家基本气象站共同组成的地面基准气候观测网已经覆盖了中国主要气候区。二是在气候数据领域,发展了主客观结合的气候资料均一化技术,建成了包括陆面、海洋、三维大气与三维云等实时运行的多源数据融合分析系统,建成了全球大气再分析系统,研制出中国第一代全球大气再分析产品,减少了中国对国际同类数据产品的依赖,依托全国综合气象信息共享系统(CIMISS)构建了国家和省级集约化数据环境。三是在气候常规业务领域,已开展了针对全球大气环流、全球海洋关键海区海气系统、陆地主要气候要素,以及重要气候现象和气候事件等的实时监测业务,建立了动力—统计相结合的多时间尺度和多空间尺度的短期气候预测业务,面向行业的专项预测,初步建立了气象灾害风险管理业务体系,形成了中国多区域多排放情景高分辨率(6.25 千米)的气候预估数据集,气候系统模式取得一系列关键技术的重要突破,并在气候科研和业务工作中得到广泛应用。四是在气候服务领域,建立了面向气象灾害防治、交通气象、旅游气象、能源气象等领域的气候服务体系。国家突发事件预警信息发布系统投入业务运行,基本实现预警信息分级、分类、分区域、分受众精准发布,发挥了预警信息在气象防灾减灾救灾工作中的枢纽作用。生态气候服务持续发展,初步形成了以陆地植被生态质量为主、聚焦重点区域生态问题的气象监测评估业务能力。气候资源利用和保护工作持续推进,研发了风电、光伏发电时空互补技术,绘制了中国风电、光伏发电最优配比地图。旅游、环境和生态等相关的气候品质利用和保护的业务基础能力初步建立,气候品牌建设和规范化管理工作初具成效。

(二)气象保障国家气候安全仍然存在薄弱环节

尽管气象部门在保障国家气候安全方面基础良好,但仍存在对气候安全的认识

不足、重视不够、能力不匹配等问题,具体体现在以下几个方面。

一是顶层设计引领缺位。缺乏全局层面的规划设计,缺乏气候系统框架下系统性、多圈层观测及其相互作用观测的科学布局,气候系统模式研发力量分散,模式发展布局不够集约化、系统化。二是关键核心技术的能力支撑不足。多种手段协同开展气候系统观测的方法尚未形成,陆、海、空、天多种观测手段对基本气候变量的协同观测不足。气候系统模式动力框架和物理过程的自主创新能力亟须进一步提升。气候预测核心技术相对落后,难以满足全球和国内预报业务和服务的需求。前瞻技术及自主创新研究不够,大数据、人工智能等新一代信息技术在气候领域的深度融合应用不足。三是业务支撑基础薄弱。气候系统多圈层及相互作用观测能力不足,冰冻圈观测基础薄弱,生态气象观测尚未形成完整体系,海洋气象观测能力不足。中国气候关键观测要素不全且缺少针对气候系统多圈层及其相互影响的动态观测。多学科交叉的观测试验较少,从而影响气候变化分析和预测能力。四是服务保障运行不畅。气候服务供给不平衡不充分,导致服务保障运行不畅通。随着经济社会发展,快速增长的需求与气候服务有限供给之间的矛盾日益凸显,服务技术能力距离满足经济社会高质量发展和人民对美好生活向往的需求还有差距。特别是服务国家重大战略、保障人民生命安全、趋利避害助力经济转型发展、满足美好生活需要、支撑生态文明建设对气候安全服务需求更加广泛深入。五是复合型人才缺乏。气象部门较为强调人才队伍专业化,大多数专业技术人员的知识结构比较单一,具有跨学科背景的复合型人才不足。随着气候安全工作关注度不断上升,急需发现和培养既熟悉国际规则又懂科研业务的具备综合素质及技能要求的复合型人才,这是当前面临的一个突出问题。

三、气象服务保障气候安全的对策建议

(一)加强服务保障气候安全顶层设计

一是要强化战略谋划,积极推动将气候安全纳入国家安全体系进行一体化规划建设,以更好地应对新时代经济社会发展面临的非传统安全威胁,并加快推动实施气候安全战略,全面分析评估气候安全风险,确定中长期气候安全战略目标,树立与国家气候安全相适应的原则,构建气候安全制度体系和风险多层治理体系。二是要加强顶层设计,在气象规划、计划、方案的制定中纳入气象服务保障气候安全目标指标与重点任务,在科研或工程项目设计中设立气候安全内容,充分发挥气象部门职能和作用。三是要强化政策保障,要推动保障气候安全有关内容纳入《气象法》修订,确立服务保障气候安全有关政策,协调与理顺各方面关系。四是要加强统筹管理,在现有气象管理架构中强化对气候安全的统筹管理以及工作部署,充分发挥职能司和国省

市县四级业务单位作用。

（二）厘清气候安全框架下气象部门职能定位

一是做政策制定积极倡导者。主动响应、贯彻与落实党的二十大报告对总体国家安全的部署要求，积极追踪国内外气候安全政策，开展气候安全应对政策研究以及决策咨询，制定气候安全业务发展纲要、规划和相关政策、标准，为国家制定气候安全政策献计献策。二是做科学技术支撑主导者。加强气候安全科学基础方面的关键科学问题和核心技术研究，科学确立气候安全评价主要指标体系，发展气候安全对自然生态系统和社会经济影响评估技术，强化跨领域、跨学科的交叉理论、技术与应用示范研究，形成科学治理和应用服务的系列成果，为服务保障气候安全提供重要科技支撑。三是做行业安全专业服务者。重点加强粮食安全、能源安全等重点领域的安全保障能力建设，发展气候可行性论证和气候资源开发利用与保护技术，为经济社会可持续发展提供"趋利避害"服务，提升为国家各行业经济社会发展提供气候安全服务的能力。四是做全球治理合作参与者。加强气候安全方面多边和双边交流与合作，主动参与国内外气候安全领域履约活动和国际事务，提升气象部门在全球治理中的主导权与话语权。五是做科普宣传教育推动者。加强对社会公众科普宣传，通过多种渠道向社会公众提供气候安全信息、公报与科普等产品。

（三）找准服务保障气候安全的着力点与突破口

一是要加快科技创新，增强核心科技自立自强。发展气候系统多圈层及相互作用观测技术，构建高效可靠的气候大数据平台，发展气候系统模式，着力解决天气气候一体化的预报预测核心技术问题。二是要加强风险管理，有效防御气象灾害。发展精密的气象灾害监测体系、精准的气象灾害预报预警体系、精细的气象服务保障体系、社会共同参与的气象灾害风险防范体系，充分发挥气象防灾减灾第一道防线作用。三是要发挥保障作用，助力生态文明建设。建立基于气候多圈层及相互作用观测的生态气象综合观测体系，提升生态环境保护和修复气象评估能力，加强生态安全气象风险预警能力，增强生态环境治理防控气象服务能力。四是要顺应气候规律，开发利用气候资源。加强全国精细化气候资源普查、区划和规划利用，建设全国气候资源监测、评估和预警体系。增强风能太阳能等清洁能源评估和预报服务能力。提高气候资源开发利用效率。开展重大规划、重大工程气候可行性论证，开展气候资源承载力，合理利用气候容量。五是要增强适应能力，科学应对气候变化。加强气候变化的监测诊断、情景模拟和影响评估，建设中国气候服务系统和气候系统大数据，提高气候风险应对和气候变化适应能力。

（四）探索建立服务保障气候安全的国省市县四级业务体系

从业务布局来看,气候安全业务体系要分层实施、各有侧重。国家级气象部门要强化服务保障气候安全的科技支撑能力建设,针对各行业领域安全服务保障,开展核心技术和算法研发、气候模式和高时空分辨率气候产品研发,开展气候变化影响风险定量评估。省级气象部门应以国家级核心技术为支撑,制作全省各类气候安全服务产品,与相关领域主管部门建立气候安全服务定期会商机制。市县两级气象部门应聚焦于解释应用国省两级产品开展各类气候安全服务,收集气候安全服务需求并反馈。应对气候安全的气象服务产品研发和制作应集约在气象部门国省两级,市县两级则主要聚焦于应用服务和需求收集。从时间尺度来看,国家级产品涵盖小时到纪元,省级产品涵盖小时到百年;从空间尺度来看,国省两级产品精细到县级或公里级;从内容技术来看,国省两级侧重于政策、体系、科技内涵、基础产品、"大服务"等方面,市县级则侧重于应用和服务。

（五）加强国际国内复合型专业人才培养

要建立并完善既有中国特色又有国际竞争优势的服务于气候安全问题的气象人才发展体制机制。一要加强中国参与气候变化科学评估谈判的国际型人才的培养和储备,培养和输送具有中国情怀和全球视野、掌握气候变化科学发展动态和政策、熟练运用外语又熟悉国际合作规则的专业人才。二要加强全球性、前瞻性的战略布局,谋划推动一批高素质科研管理人员到国际组织任职,逐步形成国际组织任职人才梯队。三要强化智库建设,深化对全球气候安全形势和演变规律的认识。

中国极端天气气候事件研究需走量质齐升之路[1]

吴　灿　杨　萍　薛建军

中国气象局气象干部培训学院(中共中国气象局党校)

要点:本文运用文献计量方法,对大气科学领域极端事件整体研究情况进行统计分析,剖析中国在这一领域研究特点和存在的主要问题。研究发现:第一,中国具有论文产出体量优势,但论文影响力明显落后于美国及欧洲主要国家;第二,中国与美国的合作较为广泛,但与其他国家合作的广度和深度均有较大提升空间;第三,中国在复合型极端气候事件与灾害风险研究方面的参与度不高;第四,应充分发挥气象联合基金的平台作用,在气象联合基金指南编制、基金成果应用等方面,对极端事件研究予以特别关注。

《气象高质量发展纲要(2022—2035年)》(简称《纲要》)着眼于筑牢气象防灾减灾第一道防线,强调要加强气象灾害发展机理和地球系统多圈层相互作用等基础研究,提高灾害性天气预报和重要气候事件预测水平。

在全球变暖背景下,极端天气气候事件(简称"极端事件")愈加频发,灾害影响愈加凸显,全面调研和了解极端事件的国内外研究能力、研究热点、发展态势,对于更准确地把握未来极端事件相关基础研究的方向意义重大。

本文基于中国气象局图书馆SCI数据库资源,采用文献计量方法,对2010—2021年极端事件研究方向的SCI论文进行统计分析和热点挖掘,剖析该领域国内外的研究实力、研究热点和发展态势,对比分析中国的短板和不足,对未来中国更好地开展极端事件基础研究提出建议。

一、中国极端事件研究 SCI 发文量全球领先,但影响力远远不够

(一)中国 SCI 发文量全球领先,2019—2021 年增长迅猛

统计极端事件相关基础研究领域的 SCI 第一作者所属国家的发文量发现,中国

---

[1] 本文得到中国气象事业发展咨询委员会研究项目"提升我国气象科技核心能力的国际比较研究"以及国家自然科学基金专项项目(战略研究类)"目标导向的联合基金过程评估及动态管理研究——以气象联合基金为例"(No.42242016)的支持。研究指导:王志强

排名第二。排名前十的国家依次是:美国、中国、英国、德国、印度、澳大利亚、意大利、西班牙、法国和加拿大,其中,美国发文量占大气科学领域极端天气研究论文总数的24.2%。2010—2021年,中国的发文量呈逐年大幅上升趋势,2019—2021年的发文量占2010—2021年12年论文总量的50.8%,中国已逐步成为全球大气科学领域极端事件研究的最主要国家(表1)。其余发达国家如英国、德国和澳大利亚等2019—2021年的发文量呈稳定增长态势。

表1 2019—2021年大气科学领域极端事件研究的主要国家发文

排序	国家	论文数量	占比/%
1	美国	3797	39.3
2	中国	2803	50.8
3	英国	899	39.3
4	德国	799	39.5
5	印度	763	49.7
6	澳大利亚	677	35.9
7	意大利	526	36.1
8	西班牙	462	34.0
9	法国	456	34.6
10	加拿大	408	38.0

注:"占比"即2019—2021年发文量占2010—2021年发文量的比例,下同。

统计极端事件相关基础研究领域的SCI第一作者所属机构的发文量发现,中国科学院发文量位列第一。排名前十的机构,中、美两国分别占据3席和4席,另外3席隶属法国、德国和印度。中国科学院的发文量位列第一,远高于其他机构发文量。南京信息工程大学、中国气象局和印度理工学院,2019—2021年的发文量均占据了各自发文量的50%以上,呈大幅快速增长态势。中国科学院、美国加州大学和美国俄克拉何马大学2019—2021年的发文量呈现稳步增长态势,其2019—2021年的发文量均占据了各自发文量的40%左右。

表2 2019—2021大气科学领域极端事件研究的主要机构发文

排序	机构	论文数量	占比/%
1	中国科学院	792	44.3
2	美国国家海洋和大气管理局	366	36.3
3	南京信息工程大学	295	58.0
4	法国国家科学研究中心	289	34.6

排序	机构	论文数量	占比/%
5	美国加州大学	269	42.0
6	美国俄克拉何马大学	249	41.0
7	德国亥姆霍兹联合会	208	37.0
8	中国气象局	192	51.0
9	美国国家航空航天局	173	35.8
10	印度理工学院	171	60.2

（二）与迅速增加的发文量相比，中国 SCI 影响力远远不够

发文量侧重于从量的角度反映一个国家/机构对某领域的关注程度，论文被引频次侧重于从质的角度反映研究水平高低和由此产生的影响力。本文通过"投点象限图"来直观呈现发文量与篇均被引频次（图1和图2），横轴为研究主体（国家/机构）发文量，纵轴为研究主体（国家/机构）篇均被引频次，坐标原点为发文量和篇均被引频次的平均值。图中，位于第一象限的研究主体，意味着发文量和篇均被引频次均高于平均水平，量质齐高；位于第三象限则均低于平均水平，量质均差；位于第二象限，意味着论文数量虽少，但影响力高；第四象限则是发文量高，但影响力不足。

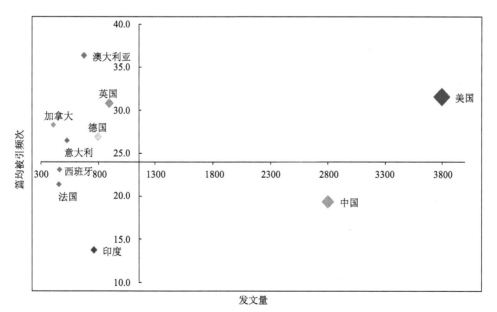

图1　2010—2021年前十位国家的发文量与篇均被引频次（影响力）对比结果

图 1 显示,美国发文量和篇均被引频次均较高,属于研究发展势头最强劲的国家;澳大利亚、英国、加拿大、德国和意大利位于第二象限,发文量较低,但是篇均被引频次较高;法国、西班牙和印度同处于第三象限,说明这 3 个国家属于研究发展势头相对较弱的国家或者说正处于平稳发展期;发文量排第二位的中国位于第四象限,由此表明中国在极端事件研究领域发文量多,但影响力还有很大提升空间。

从机构层面来看(图 2),美国、德国的主要机构均具有较高的研究水平,因此位于第一、二象限。值得注意的是,中国科学院位于第四象限,而南京信息工程大学和中国气象局位于第三象限。相比于分别位列第一、第二象限的研究机构而言,中国主要机构的研究水平差距较大,影响力还有待提高。目前来看,投射进第一象限的机构仅有 1 家美国机构,也说明大气科学领域极端天气研究的机构总的发展势头还不足,还有很大的空间来提高论文的质和量。

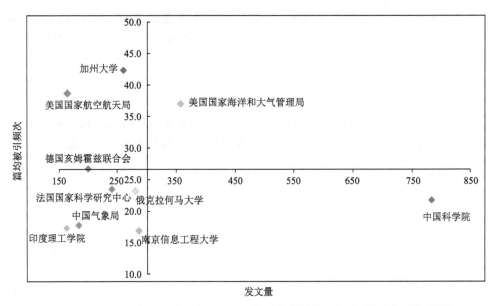

图 2 2010—2021 年前十位研究机构的发文量与篇均被引频次(影响力)对比结果

(三)中国在该领域的合作广度十分不均衡,国际国内均需加强

从论文合作的情况来看(图 3),发文量排名前十的国家之间合作基本可以分成两组:一是以中国、加拿大、澳大利亚和印度组成的合作网络,该合作网络主要在亚洲、北美洲和大洋洲地区展开;二是以英国、德国、法国、意大利和西班牙等欧洲国家组成的合作网络,该合作网络主要在欧洲地区展开。美国作为两个合作团体的共同成员,与合作网络中的所有成员均建立了密切的合作关系,可以说是国际合作度最高的国家。具体来看,中国与美国之间的合作是整个合作网络中最紧密的,

明显多于其他国家之间的合作,而印度是在整个合作网络中最边缘化的国家。此外,中国除与美国的合作较多外,其他合作较多的国家还包括英国、澳大利亚、德国和加拿大。

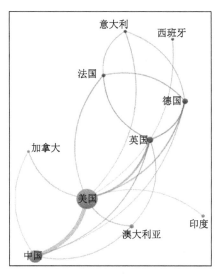

图3　2010—2021年大气科学领域极端事件研究中前十位国家的论文合著情况

从机构层面来看,机构间的合作更多地发生在各国的国内机构之间,不同国家机构间的合作则相对较少。前十位机构的合作大致可以分为两个主要的合作圈,一是由中国的研究机构组成的合作圈,二是由美国的研究机构组成的合作圈。整体而言,中国的研究机构还应进一步加深合作,拓展合作网络,积极加大同其他具有高影响力的国际著名高校和研究机构之间的合作,取长补短,形成良好的学术交流机制。

二、极端事件研究呈现多学科交叉,复合型极端事件备受关注

(一)极端事件研究全球关注重点及分布

根据 SCI 数据库的学科分类,表3按论文数列出了大气科学领域极端事件研究方向的前十个交叉学科领域。这些学科领域大致可分为2个学科组:一个侧重极端天气的机理、成因研究,涉及的主要交叉学科领域包括地球科学、地球化学与地球物理学、遥感学等;另一个侧重极端天气的影响和适应研究,涉及的主要学科领域包括环境科学、水资源学、工程学、生态学、海洋学和农学等。从各学科领域论文的被引频次来看,最受关注的是生态学,其次是环境科学。

表3　2010—2021 年大气科学领域极端事件研究涉及的重点交叉学科
（按照 SCI 数据库的学科分类）

排序	学科类别	论文数量	篇均被引频次
1	地球科学（多学科）	470	20.1
2	环境科学	288	24.7
3	水资源学	188	18.0
4	地球化学和地球物理学	113	19.0
5	遥感学	68	8.3
6	工程学	52	17.7
7	海洋学	39	10.8
8	生态学	32	26.5
9	生理学	26	14.0
10	农学	24	11.9

　　进一步用关键词聚类统计分析,得到国际上该领域的重点关注领域,主要为气候变化的灾害影响和评估、中尺度对流过程、ENSO 等对全球灾害性天气的影响、灾害性天气识别、极端事件对农业的影响、人工智能预报及决策辅助系统。进一步分析上述 6 个重点领域具体关键词发现,灾害性天气识别和极端事件对农业的影响这两大领域得到全球广泛关注,同时也发现,各个国家在某些领域的侧重点有所不同。如亚洲国家重点关注气候变化、ESNO 影响等,美洲和欧洲国家重点关注中尺度对流过程及人工智能预报等,大洋洲国家重点关注 ENSO 对灾害性天气的影响。

　　(二)复合型极端事件研究前沿及对比分析

　　中国工程院推出的《全球工程前沿 2021》,列举了涉及环境领域的前十工程研究前沿,其中"复合型极端气候事件与灾害风险研究"入选前沿之一。报告指出,近年来复合型极端事件,如风暴潮—强降水、高温—干旱、高温—高湿等,开始引起人们的高度关注。传统的极端事件多采用单一的天气气候要素的极端值来定义。复合事件是两个或更多的气候要素同时或连续达到极端条件,这些不同变量的极端事件相互结合,能够大大增强其破坏性,而当其共同发生时,会导致严重的影响。

　　表 4 列出了报告中"复合型极端气候事件与灾害风险研究"核心论文的主要产出国家。可以发现,无论是论文比例还是被引频次,美国均排名第一,其他国家与美国有不小的差距,说明美国在这方面具有较强的研究优势。中国在核心论文发表量上排名第二,英国排名第三。从篇均被引频次来看,中国的排名靠后,加拿大核心论文数虽然较少,但是篇均被引频次排名第一。

表 4 2015—2020 年"复合型极端气候事件与灾害风险研究"核心论文的主要产出国家

排序	国家	论文数	论文比例	被引频次	篇均被引频次	平均出版年
1	美国	328	32.54	16905	51.54	2016.8
2	中国	210	20.83	9989	47.57	2017.1
3	英国	158	15.67	8967	56.75	2016.8
4	澳大利亚	100	9.92	6045	60.45	2016.8
5	德国	90	8.93	5387	59.86	2016.9
6	意大利	89	8.83	5090	57.19	2017.1
7	荷兰	84	8.33	5116	60.90	2017.0
8	日本	78	7.74	3910	50.13	2016.2
9	瑞士	52	5.16	3525	67.79	2017.1
10	加拿大	47	4.66	3542	75.36	2017.0

"复合型极端气候事件与灾害风险研究"主要聚焦高温干旱复合型极端事件、复合洪水和野火、复合型极端事件的变化特征、复合型极端事件多因子之间的依赖性，以及对人类活动的影响等方面。2017—2021 年该研究前沿共有 14 篇论文入选 ESI 高被引论文，其中由瑞士苏黎世联邦理工学院大气与气候科学研究所主导的发表在 *Nature Climate Change* 期刊的 *Future Climate Risk from Compound Events* 论文被引频次最高，达 566 次。该论文研究了复合型极端事件多种驱动因子/致灾因子的依赖性及相互作用机理，并强调要厘清相互作用机理，需要在全球气候模式分辨率、降尺度技术以及计算和数据管理方面进行创新和改进。遗憾的是，14 篇 ESI 高被引论文未有中国学者的贡献。未来针对复合型极端事件发生发展机理、预估及其对生态系统、经济社会影响风险的评估，将是该研究前沿的主要内容。

三、中国极端事件研究走量质齐升之路的思考与建议

本文从 2010—2021 年国内外学者的 SCI 发文这一视角对极端事件研究力量进行对比，初步形成如下结论，并据此提出以下建议。

第一，中国极端事件相关基础研究急需从量向质提升。研究表明，该领域中国的第一作者发文量位列全球第二，2019—2021 年位列第一，中国科学院发文量位列全球机构第一。相比之下，中国 SCI 论文的篇均被引次数以及论文影响力明显落后于美国以及主要欧洲国家，本领域的基础研究急需在量的基础上加强质的提升，持续扩大影响力。

第二，中国极端事件研究的国际合作急需在广度和深度上发力。统计论文合作的国家分布发现，与中国合作较密切的国家包括美国、加拿大和澳大利亚等，相比而

言,中国与英国、德国和法国等欧洲国家开展的合作较少。从机构层面来看,国内机构与国际著名高校、研究机构的合作明显不足,机构间的合作更多地发生在国内机构之间。未来,国内研究机构需积极加大同国际具有高影响力的高校和研究机构之间的合作,取长补短,形成良好的学术交流机制。

第三,中国极端事件研究要更加关注国际热点及多学科融合。统计分析表明,复合型极端气候事件与灾害风险研究已经成为该领域的研究前沿,美国在此领域的研究遥遥领先于其他国家,具有明显的研究优势。从美国的关注重点看,聚焦于高温干旱复合型极端事件、复合洪水和野火、复合型极端事件的变化特征、复合型极端事件多因子之间的依赖性,以及对人类活动的影响等方向。此外,国际研究整体态势分析发现,复合型极端事件对能源、交通、建筑、农业、旅游等社会生活方面的影响机制和反馈还缺乏定量的、系统的观测和试验数据支持,复合型极端事件与多领域的交叉融合研究在世界范围内还有较大空间。中国在开展极端事件相关基础研究时,可以对该领域的热点、重点以及尚需提升的空间予以更多关注,以加强对灾害性天气发展机理和机制的理解和认识。

第四,中国极端事件研究要更加强化需求导向。气象工作的定位决定了提供高质量气象服务是根本,围绕极端事件开展的相关基础研究需更侧重以需求为导向。气象联合基金作为中国气象局和国家自然科学基金委员会联合设立的基金,侧重目标导向、过程评价和成果应用。应充分发挥气象联合基金的这一优势,在气象联合基金指南编制、基金成果应用等方面对极端事件研究予以特别关注,围绕特定领域增加研究课题,聚焦业务急需领域加强极端事件领域的研究布局和系统谋划。

对流尺度区域数值预报业务仍需提速提质

王晓峰　黄　勇　陈权亮　朱健峰　任宏利　陈长丘

中共中国气象局党校第19期中青年干部培训班专题研究小组

要点：本文围绕"对流尺度区域数值预报业务"这一重要问题，通过问卷调查，结合专家访谈、部门内外走访调研等方式，在梳理现状和问题的基础上进行专题研究，针对问题提出发展公里级区域高分辨率模式预报的建议如下：一是加强国省统筹、强化上下联动，建立高效有力的统一模式研发工作机制；二是聚焦区域数值模式关键技术，着力解决模式研发的堵点；三是打通业务链条，提升观测业务对模式研发的支撑能力；四是加大政策环境支持，强化区域数值预报业务的支撑保障。

强对流天气与航空、新能源等关系国计民生的行业密切相关，对风电设备安装及运行安全、南海等高敏感海域、川藏铁路等国家重大工程建设构成严重威胁。持续提升强对流天气的监测预警能力既是气象高质量发展所需，更是服务保障国家经济社会发展的必然要求。

天气雷达和气象卫星观测是强对流天气监测预警的重要工具。然而，由于缺乏动力和物理约束，雷达外推可预报时效通常只有1~2小时，而卫星资料受到接收、处理的时效性约束，很难满足实际业务要求。伴随着全球模式预报性能和时效的显著提升，发展对流尺度区域数值模式成为解决强对流天气业务瓶颈问题的重要途径。因此，更加全面和深入地了解区域数值预报业务的发展现状和存在问题十分必要。局党校第19期中青班组成专题研究小组，综合运用访谈、座谈、问卷等形式开展深入调研，分析现状，凝练问题，重点针对对流尺度区域数值预报模式的发展问题提出对策建议。

一、发展对流尺度区域数值预报模式，挑战与机遇并存

当前全球模式预报性能及预报时效显著提升，特别是对天气尺度系统预报相对准确，但由于其较粗的分辨率和静力平衡的特点，在描述中小尺度对流系统上存在较大偏差，特别是对流结构基本无模拟能力可言，强降水中心雨量及小时降雨强度偏弱，定量降水预报能力较差。为弥补全球模式这一缺陷，不少国家和科研机构发展了对流尺度区域数值预报模式。例如，中国气象局发展的覆盖中国地区的水

平分辨率为 3 千米的业务预报系统（CMA-MESO），英国气象局发展的水平分辨率为 4 千米/1.5 千米的业务预报系统（UKV/UK4），德国气象局发展的水平分辨率为 2.8 千米的业务预报系统（COSMO），以及美国国家强风暴实验室（NSSL）基于 WRF 发展的对流尺度高频同化预报和预警系统，上述模式在提升定量降水预报能力方面成效显著。我国以"北上广"为代表的区域中心，发展了水平分辨率为 3 千米的快速更新同化系统，但在表征冰雹、龙卷等小尺度特征方面仍旧能力不足。进一步发展公里级分辨率的区域数值预报模式，解决不同机理导致的小尺度对流天气，是区域数值预报模式发展的必然趋势，特别是物理过程参数化对提升预报技巧起着关键作用。

纵观数值预报模式的发展历程，观测手段的迅猛发展为改善模式物理参数化过程带来了重要机遇，各类地基遥感探测手段层出，为优化发展高分辨率数值预报模式的物理过程提供了重要参考。例如，X 波段雷达、双偏振 S 波段雷达、地基云雷达、激光雷达等多种新型气象探测设备能够实现对天气系统、结构或天气过程更为全面和更为精细的跟踪、观测和再现。就改善模式物理参数过程的科学本质而言，用观测加以验证是数值模式新算法研发的试金石。

国际上，德国科隆大学联合德国波恩大学、英国雷丁大学等研究机构开展了以厘清边界层云演化过程、降水形成和参数化改进为核心的科学研究，同时开展为大涡模拟提供中试平台的综合野外科学观测试验。通过毫米波云雷达、微波辐射计、激光测风雷达、激光云高仪、太阳光度计等观测设备的综合运用，从多个角度开展了云过程的详细观测和基于大涡模拟结果的比对验证。美国能源部大气辐射测量计划（ARM）借助其观测基地的优势，建立了专门用于改进数值模式大涡模拟的工作机制（LASSO）。中国自 2017 年以来，气象探测中心联合北京、上海、广东等气象局，开展了"超大城市垂直综合气象观测技术研究及试验"。在发展多源新型地基遥感观测业务化综合应用体系中迈出了重要一步，支持数值模式物理过程研发的观测基础基本形成。

二、强化对流尺度区域数值预报业务的四条建议

尽管对流尺度区域数值预报业务发展势头良好，以"北上广"为代表的区域中心以及一些省级气象部门在不同程度开展区域数值预报模式研发及业务，但总体来看，对冰雹、龙卷等更小尺度的对流系统预报效果不佳，物理过程参数化方案等关键问题仍需攻克，观测对模式研发的支撑能力不足，区域数值预报研发力量尚未形成合力，这些问题一定程度上制约了区域数值预报业务更快更优更高质量的发展，急需找出症结并形成有针对性的对策建议。

（一）加强国省统筹、强化上下联动，建立高效有力的统一模式研发工作机制

调研显示，国与省、省与省在高水平统一模式研发上尚未形成高效的机制。国家级区域模式研发人数偏少、省级数值预报研发方向不清、低水平重复建设现象并存，模式研发人员"能而不精"特点较为显著，疲于应对系统运维等常规性工作。针对统一模式发展的硬约束还不强，国省研发人员的上下互动、左右联动尚不深入，导致研发合力不足，没有完全形成以"专业深度"为核心的团队运行机制，"条块分工、研发执行"仍是主要组织方式。针对上述问题，提出建议如下：

第一，建立区域数值预报国省统筹管理委员会。管理委员会负责在管理层面制订区域高分辨率模式发展目标、专业团队组建和考核、国省统筹研发项目审核及其他重大事项决策等，管理委员会主任建议由数值预报中心相关负责人担任，成员包括预报司相关处室负责人，资深数值预报研发管理专家和观测管理人员。

第二，建立以首席科学家为核心的国家级区域高分辨率模式研发团队。首席科学家可由数值预报中心推荐产生，下设外场观测试验、物理过程、高频资料应用、静态数据研发、模式释用、中试试验等专项研发小组，小组负责人可采用"揭榜挂帅"方式在全国气象部门产生。每个研发团队设立技术协调员，由数值预报中心相关技术人员担任，负责协助本组新方案在统一模式的融合及国省统筹科研项目设计，其他成员由小组负责人在从事相关研究的国、省研发人员中双向选择产生。

第三，建立区域数值预报国省统筹技术咨询评估委员会。负责在技术层面对区域高分辨率模式研发团队的核心技术定位发展、重大事项决策提供咨询服务，保障管理委员会决策的科学性和前瞻性，负责按国际标准对团队创新的科技成果、业务应用情况进行第三方独立评估。

（二）聚焦区域数值模式关键技术，着力解决模式研发的堵点

调研显示，着力解决模式中的关键技术是区域数值模式发展的重中之重。首先，物理过程参数化方案急需突破，对流尺度分辨率的要求导致传统理论假设面临失效的问题，边界层和对流参数化方案研发极度缺乏经过校验的高分辨率大涡模拟基准资料。其次，当前模式内嵌的土地覆盖分类产品总体精度和类别精度不一，存在空间细节不够、中国特殊地表下垫面分类缺漏等问题，基础静态数据自主可控水平急需提升。再次，垂直方向和海上观测监测网覆盖度不足，缺少针对新型遥感资料的误差统计、误差来源分析以及面向资料同化的预处理和质量控制方法。此外，建模过程以数学订正为主，物理过程的影响因子考虑不足，模式释用缺乏与行业应用的联动，导致预报产品与行业的黏性偏弱。针对这一问题，提出建议如下：

第一，要高度重视物理过程的研发。开展典型天气过程的大涡模拟试验，构建次

网格湍流和对流过程参数化发展基准数据集,并用外场观测予以验证。依托该基准数据集,以发展大气边界层与对流过程相统一的参数化方案为切入点,大力推进尺度自适应的物理过程参数化方案研发。同时,进一步加强人工智能在物理过程研发中的应用。

第二,要针对高频资料应用开展技术研发。开展针对高频观测资料特别是新型遥感资料的观测误差分析和面向资料同化的质量控制技术研发。开展针对高频新型遥感观测资料的观测系统试验和观测对预报的敏感性试验,定量评估高频新型遥感观测资料在区域高分辨率模式中的作用。通过识别高影响天气敏感区优化观测布局,以提升观测有效利用率。

第三,要持续优化模式释用技术。充分考虑动力过程因素、物理过程因素以及目标区域真实地理信息要素等因子,以已有观测信息为目标,发挥人工智能在非线性特征回归中的优势,习得模式改进算法。有效改进由于动力过程、物理参数化以及模式分辨率等带来的模式预报偏差,提升模式预报性能。寻找新兴算法在模式释用中的突破口,挖掘合适的应用场景,发挥算法在提升预报性能的潜力。算法学习与物理过程、行业应用相结合,从数学、物理和服务三方面统筹考虑影响因子,全面提升优化结果。

(三)打通业务链条,提升观测业务对模式研发的支撑能力

调研显示,一方面,现有观测业务体系与模式研发科技人员工作职责划分过于清晰,不利于培养既了解观测又理解模式物理过程研发需求的复合型人才。以预报业务人员为例,由于相关业务人员普遍存在对中小尺度强对流的机理分析和认识不足的现象,模拟与观测的深层次对比运用不够,导致高分辨率模式包含的大量信息未被有效挖掘,从而对数值预报业务系统发展反馈不足。另一方面,面向数值预报模式研发的外场观测科学试验系统性不够,精细化的大气要素、云和降水系统的综合观测数据集供给不足,致使物理过程方案缺少观测验证和约束,不少野外观测基地的效益未能充分发挥。针对上述问题,提出建议如下:

第一,加强以模式物理过程研发为目标的外场试验设计。立足物理过程研发需求,开展现有观测手段能力特点分析总结,详细梳理和协调匹配物理过程研发所需关键变量及时空分辨率要求。科学设计多源新型地基遥感与飞机协同观测、布局合理、要素齐全的外场观测试验。

第二,建立典型天气个例的全要素高时空分辨率观测数据集。结合外场观测试验的强化观测与气象业务综合观测体系的常规观测,构建形成多种类天气条件下涵盖地面、高空、雷达、卫星、新型地基遥感,包含温度、湿度、风速、风向、垂直速度、水凝物宏微观参数、气溶胶光学物理特性等全要素和高时空分辨率的观测数据集。

第三,开展基于高分辨率卫星观测的模式静态数据研发。利用高分辨率遥感资料面向区域模式构造贴近模式分类需求、具有动态特征且时效性好的高质量土地覆被类型及特征参量(如植被覆盖度、地表反照率等)数据集。开展针对不同区域地表的观测设计及对应陆面模式研究。

第四,建立针对超大城市的三维实况分析场。充分利用多源观测,研发高分辨率多尺度同化技术吸收高频、高空间密度观测,建立服务于超大城市的高分辨率三维实况分析业务系统,补充城市三维精细化多尺度大气热动力信息的监测,为城市运行管理部门提供真实数字大气。

第五,加强基于观测的机理分析及检验评估。开展基于多源观测的中小尺度机理分析,充分利用敏感性数值试验,加强模式三维结构诊断与观测对比。建立定量检验指标,研发针对快速循环更新预报系统的评估方法,建立对降水、冰雹、龙卷以及对流性大风的分类检验评估机制。

(四)加大政策环境支持,强化区域数值预报业务的支撑保障

调研发现,一方面,区域数值预报业务从研发到应用的中试环节未能打通,特别是关键技术的中试标准化、系统化程度不高,融合新方案的模式版本升级依据不充分,缺少对单个模块或方案的细致评估和说明。另一方面,模式研发队伍的激励措施和人才储备均不到位。在研发队伍的激励方面,模式研发人员评价仍一定程度上受制于论文和项目,对该群体的调研发现上述人员在工作绩效、高级职称晋升等方面存在较为明显的职业焦虑。在人才队伍的储备方面,仅有中国气象科学研究院、中国科学院大气物理研究所、南京信息工程大学、成都信息工程大学等单位明确将数值预报方向列入招生简章,数值预报方向博士毕业人数偏少,特别是进入省级数值预报业务单位的人员屈指可数,交叉学科、高性能计算软件工程等领域的人才亦十分紧缺。针对上述问题,提出建议如下:

第一,推进区域数值预报中试基地建设。健全数值预报中试仿真业务环境,加强中试团队建设,加大对区域高分辨率模式研发团队、科研院所和高校科技成果向统一模式的中试转化。结合地方应用需求,依托省部重点实验室、中国气象局野外科学试验基地等各类创新平台,建设支撑省级数值预报能力提升的观测试验基地和中试基地。

第二,推进以业务贡献为导向的人才评价。聚焦区域高分辨率模式发展迫切需求,统筹科研立项与实施的问题导向、目标导向、结果导向,建立以业务应用为导向的科研立项评审机制。不论资历、不设门槛,让有真才实学的科技人员英雄有用武之地。坚持业务转化为核心的科技成果评价导向,强化"产学研用"结合,建立以业务贡献为导向的人才评价机制。

第三,推进高水平数值预报科技人才建设。以高层次人才和优秀青年科技人才

为核心,强化国省科技人员互访机制,带动省级数值预报应用研究创新团队发展,加快形成区域模式高层次人才梯队,打造具有国际竞争力的科技人才队伍。协调高校统筹设计数值预报专业博士研究生培养,特别是聚焦复合交叉型、高性能计算等短板强化人才储备,在源头上加强该领域人才的培养。

加强体系和能力建设，全力打造高水平气象智库

杨　萍　王卫丹　薛建军　匡　钰

中国气象局气象干部培训学院（中共中国气象局党校）

要点： 本文在系统梳理和深入调研中国智库建设情况基础上，重点分析气象部门智库工作面临的新形势和新挑战，并就做好气象部门智库工作、打造高水平气象智库开展研究，提出当前和今后需重点关注"三个着力"：一是着力构建有优势有特色的气象智库发展格局，二是着力提升气象智库运行效率和核心能力，三是着力强化气象智库的国际影响力。

党的十八大报告首次提出"健全决策机制和程序，发挥思想库作用"以来，中国特色新型智库建设加速发展，在国家治理体系和治理能力现代化建设过程中发挥了极其重要的作用，党的二十大报告进一步部署要求"强化科技战略咨询"。一方面，气象事业的科技型属性决定了气象高质量发展离不开高水平智库的支撑；另一方面，面对持续增强的气象灾害风险以及日益多元的气象服务保障需求，面对气象改革和发展中迫切需要提升气象治理能力的现实需要，气象智库建设在应对上述跨领域、跨学科、综合性、复杂性的重大问题时，具有不可替代的优势。

中国气象局一直高度重视智库工作，既设有专门的智库机构，也有支持智库工作的各类平台，目前气象智库建设已初见成效。但是，由于气象部门智库建设起步较晚，智库人才、队伍和机制建设等方面仍有短板。2023年，自然资源部、国务院国资委等部门先后出台本系统本行业智库建设相关政策文件，可以看到，建立并完善行之有效的智库工作管理机制，推动智库更好更快持续发展，不仅是国家高端智库建设所需，也是不同系统、行业在智库发展中急需强化和发展的重要内容。本文基于对中国智库建设背景的调研，阐释和分析气象部门智库工作面临的新形势和新挑战，就进一步做好气象部门智库工作提出"三个着力"，着力打造更有特色、更高水平、更具国际影响力的气象智库。

一、气象智库建设在既有成效上仍需再发力

(一)气象更好服务国家和人民所需,气象智库仍需再发力

气象事业是科技型、基础性、先导性社会公益事业,随着极端天气气候事件增多、气象灾害风险增强,气象全方位保障生命安全、生产发展、生活富裕、生态良好的需求越来越综合化、多样化、复杂化。面对一系列跨部门、跨领域、跨学科、综合性的重大问题,依靠专家的个人智慧或某一部门的单一力量已经不足以应对更为复杂、更为综合、更加突发的问题。因此,加快推进气象部门的智库工作是气象部门为国家、为社会、为人民提供高质量气象服务的有力支撑。

(二)气象实现高质量发展,气象智库仍需再发力

《纲要》明确提出要"努力构建科技领先、监测精密、预报精准、服务精细、人民满意的现代气象体系,充分发挥气象防灾减灾第一道防线作用"。现代气象体系的构建、气象防灾减灾第一道防线作用的发挥不仅仅是气象部门相关业务单位的职责,上述目标的实现离不开智库机构与业务单位的协同、配合和互动,离不开气象治理体系整体效能的提升,这就需要业务单位与智库机构推进差异化的协同发展。因此,加快推进气象部门的智库工作是实现气象高质量发展、推动气象现代化建设的必然选择。

(三)提升气象国际影响力,气象智库仍需再发力

《纲要》谋划了"国际竞争力和影响力显著提升"的远景目标,强调了要"推动国际气象科技深度合作""打造具有国际竞争力的青年科技人才队伍",上述目标均充分体现了气象行业具有显著的全球化和国际性的特色。各国气象科技国际合作愈加紧密的同时,外部环境更为严峻,科技竞争更为激烈,气候变化等全球性问题更为复杂,这就需要更具国际视野和世界眼光的智库发挥作用,支撑中国气象在世界舞台上发声和表达观点。因此,加快推进气象部门的智库工作是增强气象国际竞争力和影响力的重要保障。

二、打造高水平气象智库要在三个方面继续着力

(一)着力构建有优势有特色的气象智库发展格局

气象事业科技型、基础性、先导性的特点,决定了气象部门的智库工作科技属性显著、涉及领域多样、前瞻特性明显,意味着做好做强气象智库工作必须拓展智库研究范围和领域,提升综合集成能力,在发挥发展规划院等智库机构优势的基础上,构

建更加开放和多元的气象智库发展格局。

第一，放大优势主动作为，推进气象优质智库的品牌建设。我国已经有 29 个智库机构进入全国高端智库名单，党政系统和社科研究智库占据绝大部分，在资金保障、政策支持、信息资源和影响渠道上优势明显。尽管高端智库名单中部委所属智库少，但部委智库在本领域本系统本行业的作用发挥方面优势明显，完全可以建成优质智库。建议气象部门加大人力、物力、财力投入，依托发展规划院、局党校、气科院等决策咨询研究主力，做大做强气象智库，特别是为国务院提供一批高质量有影响力的决策咨询报告，推进气象优质智库的品牌建设。

第二，聚焦关键领域互动合作，突出气象部门智库的专业特色。气象科技能力现代化和社会服务现代化是当前气象现代化建设的重要方向，要发挥气象服务国家、服务人民、履职尽责的职能作用，必须着力提升关键领域的科技创新能力。科学谋划关键科技领域，既需要技术研发人员对本领域深研，也需要科技咨询人员动态跟踪国际发展态势，还需要智库人员深度参与到具体问题的考察和分析过程中，这就要求气象各级部门更为主动地开展跨部门、跨领域、跨学科的互动合作、联动攻关，共同研究上述领域的发展态势，找出难点痛点堵点，凝练优势发展方向，围绕气象关键科技问题形成一批有价值的咨询报告，促进气象高质量发展。

第三，查找短板联动提效，鼓励高校智库、社会智库建设发展。高校智库具有人力资源丰富、学科门类齐全、相对独立客观等优势，社会智库具有运行机制和研究领域灵活的优势。做大做强做好气象智库，离不开高校和社会智库的助力。建议气象部门利用产学研结合、项目合作、局校合作等多种方式，支持建设与气象高质量发展密切相关的高校智库和社会智库，聚焦气象部门自身智库功能发挥欠佳的研究领域，如气象学科发展、气象人才培育、多领域资源共享等问题，鼓励高校和社会智库围绕社会和公众关心的需求开展有特色、可持续的智库研究，以更丰富、多维度、广视角的智库成果助力气象高质量发展。

（二）着力提升气象智库运行效率和核心能力

调研国外智库情况发现，欧、美、日等发达国家智库建设各有特色，但普遍重视运行效率和规范化管理，如英国侧重智库行业管理规范的制定，智库研究的各个环节都有规定程序；美国智库实行董事会管理，配以总裁和管理团队，实现三者相互制衡；日本智库的法制化程度非常高，并成立智库协会避免重复建设、恶性竞争。参考国外智库管理经验，提升气象智库运行效率和核心竞争力关键在管理。

第一，统筹谋划提升气象智库运行效率。气象学科交叉融合的特点要求气象智库建设不可能集中在单一领域或单一部门。目前，发展规划院、局党校、气科院等部门的智库研究充分发挥了各自的优势，各有侧重、各具特点，但也在一定程度上造成了智库研究力量较为分散、合力不够。这就需要更强的顶层设计和更有效的统筹管理,建议智库归口管理部门调度统筹协调好气象部门内外的智库研究,鼓励发挥跨部门、跨领域、跨学科的合作,使选题更为准确、站位更有高度。

第二,合作共享优化气象智库管理流程。目前气象部门智库研究平台一般包括局重大课题、局软科学课题、发展规划院课题、咨询委课题、专项研究课题等,智库产品包括气象服务、科技咨询、决策咨询等多种类别,项目种类繁多、咨询报告水平不一,重复研究可能性大。建议归口管理部门在鼓励多渠道支持智库研究的同时,探索和优化智库研究管理模式:一是发挥智库工作指导委员会作用,把关不同来源的研究项目指南,避免重复选题;二是用好气象智库研究评审专家库,实现不同项目共建共享;三是搭建智库交流学习平台,定期组织智库成果交流分享会,推动智库研究相关人员互促互学互进,提升智库研究的质量。

第三,内引外联提升气象智库核心能力。气象智库工作离不开一支既有扎实理论基础又有较强问题分析能力的专业研究队伍以及科研业务等辅助人员队伍,这两类人员缺一不可。目前气象智库队伍体量较小、队伍结构尚需优化,复合型人才明显不足。急需通过多种途径壮大高水平智库队伍:一要重视新人的培养和选拔,在人员招聘中吸纳更多具有跨学科特色的复合型智库研究人员;二要充分发挥退休专家和领导的社会影响力和智慧,可采用"一事一议"的聘用方式推进专项智库研究;三要优化考核评价手段,对气象智库专业和辅助人员考核,应将智库研究成果作为重要评价指标之一;四要建立常态化培训机制,走出去,引进来,通过培训、交流访问等形式提升智库人员能力和水平。

(三)着力强化气象智库的国际影响力

从国际著名智库的发展实践可以发现,国际化是世界主要发达国家智库的显著特征。中国智库建设因为起步晚,其国际影响力和知名度与发达国家相比差距较大。全球化作为气象工作的重要特点,具有全球化的视野和格局对于气象智库工作而言尤为重要,提升气象智库的国际化水平既是做好气象部门智库工作的必然要求,更是助力气象高质量发展、提升中国气象国际影响力的必备条件。

第一,打造高端研究成果提升气象智库国际影响力。从著名智库美国兰德公司的发展经验来看,从建立之初只关注国防事务到后来全面关注尖端科技、能源环境、网络安全等各个领域,气象部门智库工作要形成高端研究成果,必须站在高位、想在前瞻,将《纲要》所谋划的远景蓝图分解成一个个具体问题,强化智库队伍对事关国家战略全球问题的整体把握能力和分析能力,在提升地球系统数值预报模式、双碳经济、能源问题等全球性热点领域的国际话语权方面,提供前瞻性、储备性和针对性的对策建议,通过形成高端智库成果助力提升气象强国形象。

第二,培养具有国际视野的气象智库队伍。调研中国智库的整体状况,普遍存在关注自身发展,参与国际性、全球性事务少,鲜有机会在国际组织或会议中表达观点,气象部门的整体表现同样不容乐观。与气象业务全球化相比，气象智库的国际合作和交流不足，人才缺乏问题突出。一方面，利用现有的业务专家资源，鼓励具有国际机构任职经验、具有国际气象视野的气象业务科研机构、高等院校、其他科研院所的专家深度参与，充分发挥专家作用；另一方面，要更加关爱培养青年人才，通过建立定期访学和合作机制，鼓励青年人才参与气象国际交流和气象国际合作实践，鼓励优秀国际智库人才到国际组织和业务一线、高校等机构进行交流、兼职或任职，定期选派骨干到知名高校、境外机构进修培训。

第三，致力构建多维的国际智库传播平台。《纲要》七次提及"国际"二字，气象国际影响力的提升急需气象智库的国际化，包括气象智库在内的中国智库在国际传播和宣传上与欧美国家相比仍有较大差距，研究成果的国际语言加工传播不足，大多数智库没有对外宣传的英文网站，阻碍了智库研究成果更好地走向世界。然而，提升气象智库国际影响力不可能一蹴而就，需要分阶段分步骤推进：一是加强传播方式的多语种、数字化融媒体建设，充分利用信息网络技术，组建多维的全球或区域性气象智库宣传平台，扩大自身的全球化影响；二是深入参与国际事务和多边外交，积极参与业界国际重大议题设置，深刻研究业界国际关系现状和发展趋势，准确把握世界气象发展大势，为行业部门制定对外交往战略和策略提供依据，助力中国气象在世界舞台上发声；三是主动搭建国际气象智库学术交流平台，加强与国际知名智库的合作和交流，利用项目合作、学术会议等方式共同探讨和把握世界气象发展新特点和新态势，推动世界气象朝着更加开放、包容、普惠、平衡的方向发展，为人类命运共同体理念的践行书写气象篇章，做出气象贡献。

以"智"提"质"加快人工智能气象应用
赋能气象高质量发展

姜立鹏　刘芸芸　郭文刚　杨晓武

中央党校中央和国家机关分校 2023 年春季学期
中国气象局党校处级干部进修班

要点:本文围绕支撑气象高质量发展的智慧气象工作,开展人工智能气象应用方面的国内外进展调研,在系统梳理人工智能气象应用现状的基础上,从顶层设计、科技创新、人才队伍、基础支撑等四个方面深入分析了人工智能气象应用中存在的问题,并提出四个方面对策和建议:一是加强科技创新,提升人工智能气象应用能力;二是加强人才培养,激发人工智能气象应用创新活力;三是加强开放融合,打造人工智能气象应用新生态;四是加强基础设施建设,提高人工智能气象资源支撑。

习近平总书记关于气象工作的重要指示精神明确要求加快科技创新,做到监测精密、预报精准、服务精细,推动气象事业高质量发展。气象高质量发展,要求实现以智慧气象为主要特征的气象现代化,必然要加强人工智能与气象深度融合应用。本文在系统梳理人工智能气象应用现状的基础上,从顶层设计、科技创新、人才队伍和基础支撑等四个方面深入分析了人工智能气象应用中存在的问题,提出相关对策和建议。

一、人工智能气象应用发展势头强劲迅猛

近年来,随着人工智能算法和软硬件条件的不断进步,全球主要气象机构越来越重视人工智能在气象领域的应用。

(一)发达国家陆续出台人工智能发展战略

2020 年 2 月,美国国家海洋和大气管理局(NOAA)发布了《NOAA 人工智能战略:2021—2025》,提出了组建高效管理机构和工作机制、加强人工智能研究和创新、加速人工智能研究成果业务转化、加强和扩展人工智能合作、提升人工智能人才水平等五项发展目标。2021 年,欧洲中期天气预报中心(ECMWF)发布了《ECMWF 机器学习:未来 10 年发展路线图》,提出未来 10 年将人工智能完全融入天气和气候业

务服务中,明确了在业务流程中应用人工智能技术提高模式运行效率和预报技巧、扩充人工智能软硬件基础设施、促进人工智能和传统气象领域专家紧密合作、研发地球系统科学定制化人工智能算法、加强员工和用户培训与交流等五个主要目标。2022年,英国气象局发布了《英国气象局数据科学框架(2022—2027):在天气和气候科学中嵌入机器学习和人工智能》,提出利用人工智能推动天气气候科学和服务达到全球领先的目标,并从能力建设、人才队伍和开放合作等方面进行了总体部署。

(二)人工智能气象大模型研发异常火热

美国的英伟达公司依托其图形处理器(GPU)计算能力,构建了基于傅里叶神经算子的 FourCastNet 人工智能全球预报模型,证实了利用人工智能进行全球天气预报的可行性,且计算速度比传统数值预报模型快约 4.5 万倍,能耗节约 1.2 万倍。英国人工智能公司 DeepMind 发展了基于图神经网络自回归模型的 GraphCast 人工智能全球气象大模型,在 2760 个预报变量中有 90% 超过了 ECMWF 综合预报系统(IFS)确定性预报准确率。中国华为公司研发"盘古"人工智能气象大模型,在 1 个 V100 GPU 卡上不到 10 秒钟即可完成全球 25 千米分辨率网格的未来 7 天天气预报。上海人工智能实验室构建了基于多模态和多任务深度学习方法的"风乌"人工智能气象大模型,将预报时效提高到 10 天以上。复旦大学构建了"伏羲"人工智能气象大模型,将预报时效提升至 15 天。

(三)人工智能应用在气象领域优势初现

随着人工智能方法和软硬件条件的快速发展,人工智能在地球系统观测、短临预报、气候预测、数值预报、气象服务等多个气象领域体现出一定的优势。在地球系统观测领域,人工智能在观测数据集建设、观测数据分析和处理、观测衍生产品制作等方面表现出强大的应用潜力;在短临预报领域,人工智能方法在极端事件短临预报应用中显示出了较大优势,如谷歌公司将人工智能方法引入发展 MetNet 系列预报模型,实现了 1 千米/2 分钟时空分辨率的 12 小时降水预报,超过了美国国家环境预报中心(NCEP)高分辨率快速更新系统(HRRR)预报效果;在气候预测领域,已有研究表明人工智能方法能够实现更加有效的气候信号提取和更准确的气候预测,同时在极端气候事件、大气环流异常、全球温度变化、汛期降水预测等方面也展现出一定优势;在数值预报领域,ECMWF 已实现基于人工智能的观测资料同化监视业务应用,以及在基于神经网络的 SMOS 土壤湿度陆面资料同化等方面实现业务应用;在气象服务领域,我国已初步实现人工智能在交通、生态、农业和新能源等不同场景的分众化服务应用,墨迹天气等企业也在不断运用人工智能技术拓展气象服务领域。

二、人工智能气象应用仍有较大提升空间

（一）发展需从"无序"向"有序"转变

目前，相关高校、业务单位、科研院所以及高新技术企业等仍以碎片化、自发式、无序研究为主，以人工智能气象大模型为代表的重复性跟风式研究现象较明显，缺乏深层次核心技术研究。另外，由于人工智能气象应用涉及领域广，如何打破单位（部门）壁垒，高效组织管理，集中部门优势力量，联合相关高校、科研院所以及企业破解人工智能气象应用关键瓶颈问题，也需要进一步开展顶层设计。

（二）创新需从"浅层"向"深层"转变

人工智能气象应用不够深入，科技创新主体不够明确，科技创新能力有待提升。结合大气科学规律和人工智能技术特点的基础理论研究缺乏，导致行业内部不少气象学家对人工智能气象应用前景持观望态度；同时，人工智能气象应用技术体系还不够明晰，人工智能应用不够深入，人工智能与气象业务领域的深度融合缺少明确的技术路线。例如，近期发展较快的人工智能气象大模型，在物理约束机制、极端天气气候事件预报、预报技巧的稳定性等多个方面还需进一步研究。

（三）队伍需从"小散"向"高精"转变

清华大学发布的《2022年人工智能全球最具影响力学者榜单》显示，入选的1898位学者中，美国入选1146人次，是排名第二的中国的5倍。可见我国高端人工智能专业人才数量与美国相比还有相当差距，人工智能气象应用专业化人才则更少。气象部门内从事人工智能开发和应用的技术人员总量少且分散，开放合作的广度和深度不够。研发力量分散，研究内容重复，学科交叉、优势互补的合力待进一步发挥。

（四）支撑需从"单一"向"多元"转变

从算力和数据支撑看，气象部门内的人工智能相关算力和存储资源尚无法满足人工智能气象应用需求，缺乏开放共享的人工智能应用支撑平台，供人工智能模型学习和训练的气象数据集在时空分辨率、数据质量等还无法满足人工智能气象应用研发需求。此外，为该领域提供的学术支撑平台不足，美国气象学会于2021年10月创刊 *Artificial Intelligence for the Earth Systems*（AIES），为该领域的学术成果共享提供有力平台，而国内在这方面的学术专刊或专栏均不足。

三、加快推进人工智能气象应用的措施建议

(一)加强科技创新,提升人工智能气象应用能力

结合大气科学和人工智能技术特点,针对人工智能气象应用中的专有理论和算法、技术瓶颈和应用场景等问题,从以下三个方面加强科技创新。

一是加强理论研究。人工智能在气象领域的应用,与在其他领域应用既有相似性又有特殊性。需要将人工智能技术属性和气象科学属性贯通起来,加强人工智能气象应用专有理论和算法(如气象不规则网格卷积算法、与气象物理模式更加一致的人工智能训练代价函数等)、人工智能算法可解释性等方面的基础研究。同时,人工智能技术不断突破,也为气象基础理论研究注入了新元素、新动能,探索人工智能驱动气象科学研究新范式成为气象人工智能发展的必然要求。

二是加快技术创新。加快推进人工智能气象应用关键核心技术研发,如人工智能气象大模型和算法体系、精细化人工智能预报专业模型、气象服务智能机器人,以及基于人工智能的数值模式参数化方案、资料同化观测算子、资料同化偏差约束等,推进人工智能与气象领域深度融合,提高气象业务运行效率和质量。

三是推进场景创新。以人工智能新技术在综合观测、数据与信息、天气气候、数值预报、气象服务等气象业务科研中创造性应用为导向,进行人工智能气象应用场景创新,加快"人工智能+气象"业务模式迭代升级,促进人工智能更高水平应用,支撑气象业务高质量发展。

(二)加强人才培养,激发人工智能气象应用创新活力

加强气象人工智能科技创新,关键是要建设人工智能气象应用专业化创新人才队伍,激发各类人才创新活力和潜力,打造气象人工智能应用人才创新高地。

一是组建人工智能气象应用开放实验室。以开展人工智能在气象领域应用的关键技术攻关和场景创新为主,兼顾气象人工智能理论和算法研究。采用引进和自主培养相结合的方式,广泛优选领头羊和骨干力量,组建包含大气科学、物理、数学、计算机科学等专业的复合型人才攻关队伍,打破体制机制壁垒,打造气象人工智能科技创新主体力量。

二是加强人工智能气象应用技术培训。将人工智能气象应用技术培训纳入中国气象局重点培训范畴,加大基础理论和技术培训力度,打造国省不同梯队的人工智能气象应用人才队伍。

三是注重气象人工智能学科发展。联合具备技术优势的高校、科研院所和企业,促进科教资源共建共享,建立气象人工智能专业创新人才联合培养等机制,带动气象

与人工智能新技术等交叉学科融合发展,为气象人工智能发展提供可持续人才资源。

四是加大科研项目支持力度。鼓励气象部门和人工智能相关企业等积极资助气象联合基金,提高气象人工智能领域在气象联合基金的比重,支持跨学科、跨领域联合开展气象人工智能理论、算法、技术攻关。在中国气象局创新发展专项中,对人工智能气象应用创新给予优先支持。注重人工智能气象应用科技创新成果的质量、贡献和影响,在各类科技活动评价过程中破除"唯论文"不良导向,切实为科研人员营造风清气正、追求卓越的创新生态。

(三)加强开放融合,打造人工智能气象应用新生态

一是建立健全气象人工智能统筹研发工作机制。常态化发布人工智能关键技术和场景应用创新目录清单,吸引高校、科研院所及企业通过"揭榜挂帅"、联合创新等方式协同合作,推动气象人工智能统筹研发从"给政策""给项目"到"给机会"转变,打造人工智能气象应用新生态,促进产学研用一体化发展。

二是建立人工智能气象应用中试基地。设计人工智能技术测试、评估、转化和认证流程,为各方人工智能气象应用技术成果在气象业务中转化应用提供中试环境。

三是加强气象人工智能知识产权保护。做好知识产权溯源保护,健全人工智能气象领域技术创新、专利保护与标准化互动支撑机制,促进人工智能在气象领域应用创新成果的知识产权化。

四是加强气象科技国际合作和交流。定期举办人工智能气象应用研讨会,跟踪发展前沿和动态。鼓励《气象学报》等学术期刊设立气象人工智能专刊或专栏,促进气象人工智能学术交流。

(四)加强基础设施建设,提高人工智能气象资源支撑

一是前瞻性谋划布局算力和存力资源。统筹气象部门内外人工智能算力和存力资源,支撑气象人工智能研究和业务对算力和存力资源的需求。建设集成数据处理、算法开发、模型训练和应用服务的人工智能气象应用支撑平台。

二是建立有序安全的数据使用环境。面向人工智能模型学习和训练应用需求,加快建设基于国产模式的第二代全球大气再分析、卫星雷达等高质量气象数据集。加强数据安全管理,制定面向部门外合作研发的大规模数据使用政策。

气象数据要素价值急需进一步激活

王慕华　　王胜杰

中央党校中央和国家机关分校 2023 年春季学期
中国气象局党校处级干部进修班

要点：本文立足激活气象数据要素价值这一目标，面向 100 多家中央企业开展深入调查研究，基于调研结果，从制度、供给、交易、技术和管理五个层面分析了制约气象数据要素价值释放的主要问题，提出激活气象数据要素价值的五条对策和建议：一是健全制度体系，保障安全有序发展；二是聚焦深度融合，构建数字气象服务新模式；三是分级分类施策，激发数字气象服务新动能；四是提升数字基础能力，推动气象高质量发展；五是统筹多元力量，构筑数字气象服务新格局。

习近平总书记指出，数据作为新型生产要素，对传统生产方式变革具有重大影响，要发展以数据为关键要素的数字经济，抢占未来发展制高点。2019 年 10 月，党的十九届四中全会首次将数据纳入生产要素范畴；2022 年 12 月，《中共中央 国务院关于构建数据基础制度更好发挥数据要素作用的意见》（简称《数据二十条》），为激活数据要素价值，推动数据要素市场化配置提供了指引。数据要素作为数字经济深化发展的核心引擎，能够重塑经济发展方式和社会治理模式、促进数字技术与实体经济深度融合、推动经济高质量发展。

气象工作关系生命安全、生产发展、生活富裕、生态良好，气象数据对经济社会发展具有基础性、先导性、全局性的重要影响。伴随实体经济数字化转型发展的浪潮，气象数据从战略资源升级为生产要素，能够与传统生产要素结合，推动政府、部门、行业管理精细化与决策科学化，发挥避灾减损和赋能增益的作用。在新一代科技革命浪潮中，深入挖掘气象数据要素价值，并推动与生产、分配、交易、消费等环节的协同联动创新十分必要。

课题组采用问卷调查、文献调研与个案研究相结合的研究方法，基于国家关于数据要素、数字经济发展战略等政策文件，重点研究了贵州大数据交易所气象数据专区的交易模式、价值实现和生态发展典型案例，结合面向 107 个中央企业开展的气象服务需求调查报告，从制度、供给、交易、技术与管理五个层面，分析制约气象数据价值实现的现状以及问题所在，提出对策建议。

一、气象数据要素价值实现的现状和问题

（一）制度：激活气象数据要素价值的政策体系有待健全

从国家政策看，2022 年 12 月，《数据二十条》提出数据资源持有权、数据加工使用权、数据产品经营权等三权分置的产权运行机制；提出"探索用于产业发展、行业发展的公共数据有条件有偿使用"，并提出公共数据指导定价等创新举措，为公共数据合理有偿使用开绿灯。从气象部门看，中国气象局印发《气象数据开放共享实施细则（试行）》《非涉密气象数据资源分类分级指南（试行）》，进一步规范气象数据开放共享工作，从数据分类、用户分类、数据分级、用户权限几个方面，详细阐述了非涉密气象数据资源分类分级的依据和标准，面向不同用户提供数据的级别范围等，从制度层面进一步推进气象数据安全、合规、有序开放共享，提升气象数据资源价值和应用效益。

但是，无论从气象数据开放与交易的分类标准，还是从国省市县四级气象服务主体在数据采集、加工、服务中的权益分配，以及从气象数据要素市场化配置的关键环节来看，制度和规范仍有很大完善空间。一是公益开放、交换共享与合理有偿服务的气象数据资源目录没有明确；二是各类数据资源产权没有得到明确界定；三是缺乏数据定价和评估机制；四是数据资源供给不顺畅、安全规范监管不到位；五是数据质量标准不完善、开发应用规则不健全。

（二）供给：气象数据要素应用场景有待深入挖掘

从 107 家中央企业气象服务需求反馈情况看，面向特定行业、特定区域、特定场景的气象服务与央企生产运营关联紧密，服务需求非常旺盛。具体体现在：一是时空精度要求高，时间频次达分钟级，空间分辨率达百米级；二是服务范围要求广，从国内向国际拓展，从地级市向偏远地区扩展，特别是随着"一带一路"建设深入推进，25％的央企有国际服务的需求；三是产品的预报时效朝"两个极端"发展，企业更加关注短时临近和气候尺度预报；四是供给方式从文字图片分析材料向数字化产品集成应用发展，超九成的用户表示需要"气象数据"，超四成的用户需要"系统平台"支撑，接口式、插件式、嵌入式服务需求广泛。

从需求侧的反馈来看，现阶段气象服务产品及服务方式远不能满足要求，一是供给形态单一，未能满足用户数据、产品、图形、系统平台、决策咨询等全方位的需求；二是供给质量不高，时间、空间、要素等都不能达到用户的要求；三是供给方式的数字化、自动化、智能化程度低；四是行业场景融入不深，未能与生产、分配、流通、消费等环节结合，存在直接利用基本气象数据提供低端服务的现象，未能提供针对性、定制

化服务;五是数据产品创新性有待加强,针对天气风险而产生的天气期货、天气指数等天气衍生品的开发应用不足,不利于有效提升能源、农业、交通等市场资源配置效率。

(三)交易:权威统一的气象数据交易市场亟待建立

世界气象组织报告显示:通过改进天气预报、早期预警系统和气候信息,每年可挽救约 2.3 万人的生命,至少可实现 10349 亿元的潜在效益。美国等发达国家,气象产业规模能够达到 500 亿~1000 亿元,日本、韩国与英国也有将近 30 亿元的市场规模。未来五年,预计亚太市场相关的市场总量和份额的增长率接近 10%。目前,国内已初步形成了气象部门占主导、企业服务相补充的市场分工格局,但气象部门内部仍以各部门分头对接用户为主。同时,以深圳、上海、贵阳、广州、武汉为代表的大数据交易所,以及以郑州大宗商品交易所、大连商品交易所为代表的天气衍生品交易机构初步发展。

上述局面一方面说明气象数据要素价值的作用正逐渐得以发挥,另一方面,由于缺乏权威统一的气象数据交易市场,数据服务出口无法统一,数据质量无法保障,权威数据无法获取,内部为争夺同一用户打价格战,造成气象数据价值"内卷"现象突出,最终导致气象服务效益无法有效评估。

(四)技术:安全流通的数字基础设施有待完善

从气象业务技术体系看,气象部门基本形成了覆盖观测、预报和服务全链条,支持观测装备、算力资源、气象大数据云平台(天擎)以及 Web 端、小程序、APP 等应用为一体的数字基础设施,满足气象业务的内循环。同时,也建立了面向行业部门(部委和央企)、科研和教育机构、公众、企业以及海外用户的技术平台,比如,中国气象数据网(风云卫星遥感数据服务网)、CMACast 广播、中国天气网、数字化决策支持气象服务系统,还有各级气象部门自建的数字化平台。

但上述数字基础设施,主要以业务视角切入,未考虑数据流通交易的环节要求,技术和安全方面都存在较大的风险隐患。具体表现在:缺乏统一安全的数据交易平台,缺乏数据资源唯一标识,缺少数据安全流动监管技术,数字化、智能化技术应用不足等。

(五)管理:政府部门与市场职能边界有待明晰

从国家大环境来看,数据要素市场化配置改革和数据要素市场建设尚处于初期阶段,有效市场和有为政府相结合的数据要素治理格局尚未构建起来,政府、企业、行业、社会多方协同治理模式未形成,急需探索构建适应于数据要素特征的新型生产关系及制度规则体系。

从气象行业发展来看,现阶段基本形成了气象部门占主体、社会企业做补充的分工格局。数字经济时代,要明晰政府与市场的主体责任边界、形成分工协作的机制,一方面需要更好发挥政府部门在履行防灾减灾第一道防线、提供基本公共服务、实施行业监管的作用;另一方面,要发挥企业的创新主体作用,做大做强气象服务市场,协同推动气象数据要素在现代化经济体系中避灾减损和赋能增益作用的发挥。

二、进一步激活气象数据要素价值的五条建议

(一)健全制度体系,保障安全有序发展

围绕权利归属难以界定、估值定价缺乏依据、流通规则尚不完善、流通技术仍未成熟等问题,急需从顶层谋划统筹集约发展,建立面向全国统一大市场服务的规章制度。一是数据确权。以数据产权登记为抓手筑牢数据资源底座。借鉴土地、证券、知识产权、商事主体等领域登记制度建设经验,加快一体化数据产权登记制度与平台建设,为数据要素权属确认与权益保护提供根本保障,切实将数据资源持有权、数据加工使用权和数据产品经营权的"三权分置"要求落到实处。二是数据定价。在气象数据要素价值实现链条上,按照"谁投入、谁贡献、谁受益"原则,明确国省市县各级服务主体的贡献价值,制定收益分配制度,公开透明定价,有效促进气象数据增值开发利用。三是数据安全。加强对数据采集、处理、存储、共享、运营的监管,制定相关规范和标准,防止数据泄露和滥用,保护用户隐私和信息安全。通过一系列制度组合拳,构建以产权制度为基础、以流通制度为核心、以收益分配制度为导向、以安全制度为保障的数据基础制度顶层框架。

(二)聚焦深度融合,构建数字气象服务新模式

从国家经济社会高质量发展全局出发,统筹谋划气象数据要素及数字技术与实体经济的深度融合发展。一是坚持"主动、互动、联动"工作机制。以服务国家战略为目标,以需求为牵引,对内以数字技术打通监测、预报、服务各业务板块的联通,国省市县四级气象部门形成上下协同的合作氛围。对外,将气象数据融入国民经济社会发展的各个环节,促进数字经济和实体经济高质量发展。二是加强气象与行业大数据产业协同发展的理论研究。厘清大数据产业与气象业务融合发展的机理,找出二者协同发展的相关关系,分析气象数据对传统生产要素放大、叠加、倍增作用的科学依据。三是以用户为中心,加强基于场景、基于影响的高价值气象数据产品研发。丰富和完善气象数据资源体系,加快研发天气期货、天气与气候指数等衍生品,为新能源产业、农业以及其他相关行业提供必要的避险

工具。

（三）分级分类施策，激发数字气象服务新动能

《数据二十条》提出"探索用于产业发展、行业发展的公共数据有条件有偿使用"，并提出公共数据指导定价等创新举措，为公共数据合理有偿使用开绿灯。作为国家公共数据的重要组成部分，气象数据既有使用价值也具有交换价值，同时作为第五生产要素，能为经济贡献动力，可以参与收入分配，开展气象数据服务的主体可获得合理有偿报酬。因此，依据数据来源、服务主体、敏感程度、应用场景和使用环节等，应进一步完善公益开放共享与合理有偿服务数据资源清单，对气象数据实施分级分类、授权服务策略。依据气象公共数据使用目的，采取不同开放模式：用于公共管理、公益事业的数据，采取有条件无偿开放；用于产业发展、行业发展的数据则采取合理有偿开放。可选择贵阳、广东等地区开展分类分级试点示范，探索形成可复制可推广的典型经验。

（四）提升数字基础能力，推动气象高质量发展

加快人工智能、大数据、区块链、隐私计算等关键技术的应用，夯实数字基础设施建设，为数据要素市场化流通、数据价值释放奠定基础。一是建立统一的数据交易平台。基于"云＋边＋端"技术，实现基础设施、系统平台、数据资源、业务系统、安全防护等协同建设，统一气象数据资源入口和出口，构建安全可控、流程溯源、产权明晰、定价合理、集约高效的基础支撑环境。实现"原始数据不出域、数据可用不可见"的新型发展模式。二是推动数字资源唯一标识符建设，实现数据产权全程可溯。通过对气象数据资源设定唯一标识，对共享服务中的气象数据进行注册、解析、溯源管理，实现数据监管和产权保护，并助力提升数据治理。三是积极推动人工智能技术在监测、预报与服务领域，尤其是在数字化产品加工、智能交互、智能推送的深度应用。利用上述技术对传统气象业务流程进行全方位和全链条的数字化改造，推动流程再造与转型升级。

（五）统筹多元力量，构筑数字气象服务新格局

气象服务由气象部门主导、多元主体共同参与，要构筑数字气象服务新格局，需要做到以下几点。一是统筹政府、企业、行业等多元主体力量，协同推动气象数据要素市场健康有序发展。政府部门在制度、规范和标准制定、市场监管与引导等方面发挥主导作用，完善气象数据治理相关制度及政策，加强政策支持和资源投入，深化"放管服"改革，有效让位市场。企业作为创新主体，深挖数据价值，结合生产、流通、分配、消费等环节加大气象数据的开发利用，形成"分工协作、公平竞争"的气象服务新格局。二是构建统一规范的气象数据要素市场，共

建服务品牌。气象部门依托成熟的云平台技术，联合数据交易所共建数据交易云平台，促进数据合理有序流通，便于多元主体之间协同合作。制定品牌建设战略规划，确保在全国范围内实现统一的品牌形象和服务标准，为用户提供一致、可靠的服务体验。

人工智能与数值预报领域的融合创新大有可为[1]

李婧华　薛建军　匡　钰　钟　琦

中国气象局气象干部培训学院（中共中国气象局党校）

要点：本文运用文献计量等方法，对人工智能与数值预报领域融合应用的整体情况进行统计分析，进一步揭示该领域国内外研究能力、现状和前沿态势，剖析中国在这一领域的研究特点和存在的主要问题，并围绕原始创新、学科交叉、人才队伍建设等三个方面对如何进一步加强人工智能与数值预报融合应用提出思考和建议。

气象事业是科技型、基础性、先导性社会公益事业，气象事业的跨越式发展与科技创新的强力支撑密不可分。近年来以人工智能等为代表的新一代信息技术加速突破应用，为气象事业发展注入更多的创新源泉。全球主要气象机构也敏锐地捕捉到了这一发展战略机遇，并逐渐将其纳入气象科技进步的重要竞争领域。

在以数值预报技术为核心的现代气象业务中，人工智能新技术新方法被逐渐应用到传统方法难以突破的领域，特别是在短临预报、气候预测等传统大气数值模式预报能力较弱的领域表现出了一定优势。全面把握这一领域国内外研究能力、现状和前沿态势，对于加快布局国产人工智能气象应用技术体系建设，推动人工智能技术在数值预报领域的深度融合应用具有重要意义。

本文基于中国气象局图书馆 SCIE 数据库和 CPCI-S 国际会议数据库，采用文献计量等方法，对 2012—2022 年人工智能技术在数值预报领域的科技论文进行统计分析和热点挖掘，剖析该领域国内外的研究实力、主题热点和发展态势，揭示我国在该领域国际比较中的优势与不足，为更好地开展研究及应用布局等提出建议。

一、中国论文在产出规模上已具备较强优势，但学术影响力有待持续提高

（一）全球研究成果产出增长迅猛，中国的增速更为强劲

全球人工智能技术在数值预报领域融合应用的研究增长迅猛。2012—2022 年，

[1]本文得到中国气象局软科学研究重点课题"人工智能气象融合应用路径策略研究——以数值预报领域为例"（项目编号：2023ZDIANXM08）课题的支持。研究指导：郭彩丽

人工智能与数值预报融合应用领域共发表 4682 篇论文,总体呈现快速增长态势(图 1)。特别是 2020—2022 年的发文量占比达 54.1%,说明随着人工智能技术飞速发展,其在数值预报领域的应用与融合不断加深,研究规模快速扩增,受到科研人员的关注与重视,已然成为研究热点领域之一。

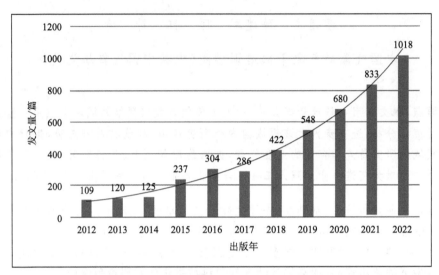

图 1 2012—2022 年全球人工智能与数值预报融合应用领域年度发文量及变化趋势

中、美两国论文数以绝对优势遥遥领先,中国发文量在 2022 年首次超越美国。目前全球已有 123 个国家/地区开展人工智能与数值预报融合应用的研究,美国、中国、英国、德国、印度、澳大利亚、法国、加拿大、韩国和意大利的发文量位居前十(表 1)。其中美国和中国论文数以绝对优势遥遥领先,这两个国家的论文数占全球这一领域论文总数的比重超过了 50%。2018 年后,我国在该领域的发文量快速增加,增长率远超全球平均水平。从近 5 年(2018—2022 年)论文数量平均增长率来看,全球平均增长率为 28.8%,中国则为 45.6%。2022 年中国在该领域的发文量首次超过美国,发展势头十分强劲。

(二)综合分析各国研究的学术影响,中国研究成果还需进一步提升国际影响力

为了直观、综合地衡量发文量前十国家/地区在人工智能与数值预报融合应用领域研究论文的学术影响力,分别从篇均被引次数[1] 和 H 指数[2] 两个学术影响力指标

---

[1] 篇均被引次数表示单篇论文的平均被引次数,反映了学术论文的认可程度。

[2] H 指数是指发表的 n 篇论文中有 H 篇论文每篇至少被引用了 H 次,被用来综合评价学术产出量和质量。

对全球发文量前十的国家进行了分析（表1）。可以看到，篇均被引次数排名前三的国家是英国（31.74）、法国（28.14）和澳大利亚（27.06）；H指数排名前三的国家是美国（82）、中国（73）和英国（53）。

综合来看，在全球发文量前三的美、中、英三国中，英国论文的两个学术影响力指标均位居全球前三，展现出其在人工智能与数值预报融合应用领域的领先地位。尽管中国的H指数位居世界第二，但论文的篇均被引次数在发文量前十的国家中仅排名第八，中国论文还需进一步提升国际影响力。

表1　2012—2022年全球人工智能与数值预报融合应用领域发文量前十国家/地区基本情况

序号	国家/地区	发文量/篇	全球占比/%	篇均被引次数	H指数
1	美国	1439	30.7	23.69	82
2	中国	1234	26.4	21.46	73
3	英国	389	8.3	31.74	53
4	德国	332	7.1	22.77	45
5	印度	316	6.7	11.59	31
6	澳大利亚	256	5.5	27.06	44
7	法国	226	4.8	28.14	36
8	加拿大	218	4.7	22.06	36
9	韩国	209	4.5	12.59	26
10	意大利	158	3.4	25.04	33

（三）中国气象局研究成果影响力与全球先进机构还有一定差距

进一步分析全球主要机构在人工智能与数值预报融合应用领域研究论文的数量和学术影响力。2012—2022年，全球共有4164个机构在该领域发表论文，表2给出了发文量前十的机构，其中，中国科学院（244篇）、美国能源部（169篇）和加州大学系统（156篇）的发文量位居前三，发文量总和占全球的11.4%，是该领域研究最为活跃的机构。从论文影响力看，篇均被引次数排名前三的机构是美国国家航空航天局（40.36）、法国国家科学研究中心（31.47）和加州大学系统（30.44）；H指数排名前三的机构是中国科学院（36）、加州大学系统（36）、法国国家科学研究中心（30）和法国研究型大学联盟（并列30）。加州大学系统和法国国家科学研究中心的两个指标均较高，在该领域处于领军地位。综合来看，中国科学院发文量位居全球第一、H指数全球第一，但篇均被引次数略低。

表2 2012—2022 年全球人工智能与数值预报融合应用领域发文量前十机构基本情况

序号	机构名称	发文量/篇	全球占比/%	篇均被引次数	H 指数
1	中国科学院	244	5.2	24.4	36
2	美国能源部	169	3.6	18.93	29
3	加州大学系统	156	3.3	30.44	36
4	法国国家科学研究中心	137	2.9	31.47	30
5	美国国家海洋和大气管理局	128	2.7	16.03	26
6	美国国家航空航天局	117	2.5	40.36	29
7	法国研究型大学联盟	116	2.5	24.57	30
8	美国国家大气研究中心	104	2.2	24.99	29
9	中国气象局	103	2.2	9.17	18
10	南京信息工程大学	101	2.2	8.21	17

除了高校和科研机构外,全球气象业务机构有三家机构入围前十,其中美国国家海洋和大气管理局(128 篇)、美国国家大气研究中心(104 篇)和中国气象局(103 篇)发文量分别为第五、第八和第九。尽管中国气象局与美国气象机构产出论文数量差别不大,但篇均被引次数以及 H 指数均显著较小,中国气象局研究成果的影响力与先进机构相比还有一定差距。

二、中国、美国、欧洲的基金项目资助人工智能与数值预报融合应用的力度较大,但中国在算法等基础性研究中稍显滞后

(一)中国、美国和欧洲基金项目对人工智能与数值预报融合应用领域的资助力度较大

表3给出了资助人工智能与数值预报融合研究的主要基金资助机构。2012—2022 年,基金资助机构中资助论文数量超过 100 篇的有 8 家,其中中国机构 2 家、美国机构 3 家、欧洲机构 3 家。它们分别是中国国家自然科学基金(759 篇)、美国国家科学基金(402 篇)、美国能源部(200 篇)、欧盟委员会(170 篇)、中国国家重点研发计划(149 篇)、英国国家科研与创新署(133 篇)、美国国家航空航天局(130 篇)和西班牙政府(127 篇)。可以看出,中国、美国和欧洲基金资助产出的论文较多,其中中国国家自然科学基金资助该领域论文最多,占全球发文量的 16.2%。此外,国家重点研发计划和中央高校基本科研业务费专项资金项目也资助了较多该领域的中国论文。

表3　2012—2022年全球人工智能与数值预报融合应用领域资助论文前十基金机构

序号	基金资助机构	论文数	占比/%
1	中国国家自然科学基金(NSFC)	759	16.2
2	美国国家科学基金(NSF)	402	8.6
3	美国能源部(DOE)	200	4.3
4	欧盟委员会	170	3.6
5	中国国家重点研发计划	149	3.2
6	英国国家科研与创新署(UKRI)	133	2.8
7	美国国家航空航天局(NASA)	130	2.8
8	西班牙政府	127	2.7
9	中央高校基本科研业务费专项资金项目	97	2.1
10	英国自然环境研究理事会(NERC)	91	1.9

(二)中国在算法、模型等基础方向上的研究稍显滞后

进一步对2012—2022年人工智能与数值预报融合应用领域发表的论文按SCIE数据库的学科进行分类分析(图2)。首先,在气象和大气科学领域、环境科学领域以及地球科学多学科领域,论文发表数量最多,这三个学科领域的论文发表数量达2220篇,占研究论文总量的47.3%。其他发文较多的学科有工程电气电子、能源燃料、计算机科学人工智能、计算机科学理论方法、水资源、遥感、计算机科学信息系统、图像科学与摄影技术等。

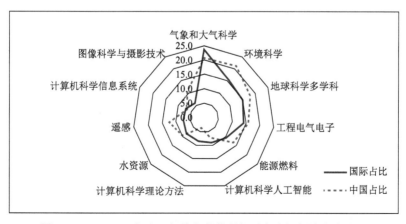

图2　2012—2022年人工智能与数值预报融合应用领域发表论文
按SCIE数据库的学科分类占比(%)情况

与国际人工智能与数值预报融合应用领域论文的学科分布相比,中国在该领域的研究中,主要学科分布相似,集中在环境科学、遥感以及图像科学方面,且占比高于国际平均水平。然而,在涉及人工智能技术基础研究的学科,如计算机科学理论方法、计算机科学人工智能等学科,中国论文的占比均低于国际平均水平。这表明,我国在这一领域以往的研究更多的是关注人工智能技术应用研究,在涉及人工智能算法、模型等基础性理论和技术研究方面,仍与国际平均水平有差距。随着人工智能与数值预报融合应用的广度、深度不断增加,关于人工智能算法、模型的适用性、可解释性、物理约束等基础性研究应予以更多关注。

三、利用人工智能技术改进数值天气预报、气候预测、临近预报以及可再生能源预报是近年来的全球研究热点

（一）人工智能技术应用于改进数值天气预报

目前人工智能技术对数值天气预报的改进概括起来集中在三个重要方面。一是对模式初值的改善,即利用人工智能技术改进资料同化。研究表明,基于机器学习的资料同化方法不但可以极大地提高计算速度,还可以进一步减少模式的初始场误差。二是对传统的参数化方案进行改进,研究表明,将机器学习方法与数值预报相结合,尝试代替数值天气模式中半经验性质的对流参数、辐射参数等次网格物理过程,可以改善计算效率或模拟精度。三是改进模式预报结果后处理,可以充分利用人工智能技术在挖掘大数据非线性关系和空间建模能力上的优势,对模式预报产品订正和解释应用、对集合预报统计后处理,这一方向是目前人工智能方法与数值预报融合应用最成熟的领域。

（二）人工智能技术应用于气候预测

气候系统拥有大量可使用的观测和模式模拟数据,这使得以"数据驱动"为核心的人工智能技术应用于大气、海洋及其耦合系统的预测具有天然优势。研究表明,将机器学习、深度学习等方法与气候模式融合应用,可以采用"不太高的"模式分辨率方式以提高计算效率,从而开展更多场景、更多成员或者更长时长的气候模拟,以提升气候预测水平。此外,利用"数据驱动"的优势,有望更好地预测气候系统多圈层、能量、物质循环等一系列非线性、多时空尺度的复杂系统,从而改善气候变化对自然、社会、经济等影响的刻画和理解,构建更好的评估和辅助决策模型。

（三）人工智能技术应用于改进临近预报

受限于模式的 Spin-up、非高斯数据同化、高分辨率数值模式计算时效等因素制约,数值模式在 0～2 小时临近预报上面临较多挑战。而借助高时空分辨率卫星、雷达等观测数据和数值天气预报模式输出数据,基于人工智能技术的"数据驱动"模型得以大量应用于改进临近预报的探索和业务实践。目前,学术界对人工智能改进临近预报的相关研究主要有两个方面:一是发展基于机器学习的临近预报模型,对雷暴大风和冰雹等强对流天气进行智能识别,提升临近预警的精确度和时间提前量,从而提高强对流天气的智能监测与预警水平;二是将机器学习与雷达、卫星等遥感数据相结合,改进高分辨率临近预报。

(四)人工智能技术应用于可再生能源预报

可再生能源开发是与大气科学基础研究和应用紧密相连的研究领域,但在传统气象预报预测和服务技术体系中,针对这一领域的技术手段和方法相对有限。近年来,利用人工智能技术来高效处理大量气象数据并进行可再生能源预报预测受到关注。目前,学术界对人工智能应用于可再生能源预报的相关研究主要包括以下两个方面:一是利用人工智能技术,开展精细化风能资源评估和短期风速预报;二是建立数值天气预报模式和人工智能模型相结合的混合模型进行太阳能资源评估。

四、人工智能与数值预报融合应用需进一步向深向实发展

(一)提升人工智能技术在数值预报领域里的原始创新能力,促进两者深度融合

从人工智能技术的发展历程来看,高潮与低谷交替,其中不容忽视的因素之一是当时条件下的技术方法与拟解决问题的适用性和释用性匹配问题。近年来,机器学习、深度学习等人工智能技术的发展,结合大气科学显著的非线性特征和气象领域典型的大数据特征,利用人工智能方法提升数值预报能力取得一些积极进展。随着人工智能与数值预报两者的融合应用逐渐深入,充分考虑大气科学规律、气象预报预测特点与人工智能技术的适用性分析和释用性问题凸显。从已有研究结果看,我国人工智能数值预报融合应用领域的研究论文数量迅速增长,但基于核心算法研究水平还亟待提高,应更加重视人工智能技术在数值预报领域里的原始创新能力,持续强化适用于特定气象应用的人工智能专有算法、预报预测大模型、基础框架、数据集等研发,不断推进算法、模型的可解释性以及样本不平衡等问题的研究,助力人工智能技术与数值预报融合应用高质量发展。

（二）加强跨领域多学科交叉融合，多维度深层次丰富人工智能与数值预报融合应用

随着地球系统科学和地球系统模式概念的提出，大气科学正走向全方位的交叉与融合，气象服务保障社会经济发展将更加深入。可将人工智能技术应用于可再生能源预报预测作为一个新的着力点和增长点，通过统筹布局交叉前沿领域基础研究，强化气候资源合理开发利用，加强人工智能新技术新方法在风光数值预报模式中的应用，开展风能太阳能智能预报技术、风能太阳能功率智能预测和智能服务技术研发，拓展气象能源服务新领域，助力"双碳"目标实现。通过跨领域多学科交叉融合，不断扩展人工智能与数值预报走深向实的外延。

（三）强化人才培养优势协同互补，为人工智能与数值预报融合应用提供坚强人才保障和智力支撑

人工智能与数值预报融合应用不仅仅需要人工智能和数值预报两个领域的高水平人才队伍的深度参与，其上下游、左右岸贯穿观测、预报和服务全部业务链条，涉及数学、物理、气象、计算机科学及其交叉领域等多个学科，这需要多措并举、协同互补做好人才培养。一是持续强化高层次人才和创新团队建设。充分用好气象联合基金、"揭榜挂帅"、国家级技术竞赛、高端论坛等平台做好该领域的气象战略科技人才、科技领军人才和创新团队的培育。二是持续推进气象专业技术培训。强化战略咨询研究，找准人工智能与数值预报融合应用难点、堵点，不断优化培训班次、课程、教材和学科体系建设，加快推进分层分类人工智能气象应用技术培训，着力打造既熟悉数值预报业务需求与发展，又具备人工智能技术的研发、应用检验能力的青年骨干科技人才队伍。三是持续加大开放合作，做好人才优势资源互补。用好全国气象科教融合创新联盟的平台，强化高校、国家级气象业务科研机构、气象行业科技企业三方人才的协同互补。例如人工智能原理性、基础性问题可更多地吸纳高校研究人员参与；业务问题提出、原型技术研发重点依靠国家业务科研机构人才队伍；行业解决方案、产业化技术改造可充分发挥气象行业科技企业的人员优势。通过多措并举，优势协同互补不断强化专业人才培养，为人工智能与数值预报融合应用提供坚强人才保障和智力支撑。

要高度警惕气象灾害预警响应失灵[1]

盖程程　闫　琳　杨　萍　郑世林　张铁军　段永亮　曾凡雷

中国气象局气象干部培训学院（中共中国气象局党校）

要点：本文基于对河南郑州、甘肃白银、四川彭州等地的实地调研，结合应急管理相关理论，重点分析了气象灾害预警响应失灵这一现象的表现形态及其产生原因，并对如何有效防范预警响应失灵提出四条建议。第一，大力发展基于风险的预警和基于影响的预报，提升气象预报预警的响应价值；第二，大力完善多部门联动机制，用好预警后的"窗口期"，避免预警信息一发了之；第三，大力推动重大气象灾害情景构建，以大概率思维有效应对小概率巨灾；第四，大力加强对"关键少数"的专业化培训，做好有效预警响应的意识与能力准备。

"预警响应"是落实习近平总书记"两个坚持、三个转变"防灾减灾救灾新理念、推动防灾减灾救灾关口前移、有效预防灾害发生的重要手段。做好新时期气象灾害应急管理、全力保障人民群众生命财产安全需要充分发挥国家应急管理体系的效能，实现气象灾害预警与应急响应有效联动。河南郑州"7·20"特大暴雨灾害的调查结果显示，"预警与响应联动机制不健全，谁响应、如何响应不明确"是重要问题之一。预警响应作为应急管理体系中重要一环，责任尚不明晰，链条尚不完整，"失灵"现象时有发生。

课题组基于对郑州、白银、彭州等地的实地调研，结合应急管理相关理论，开展了为期一年的气象灾害预警相关专题研究，重点对气象灾害预警响应失灵这一现象的表现形态及其产生原因进行分析，并对如何有效防范预警响应失灵提出思考和建议。

一、气象灾害预警响应失灵现象的五种形态及其原因

面对即将发生的灾害性天气，从气象部门发出预警信息到决策部门运用预警信息做出响应，中间还要经历气象部门、决策部门及相关单位的风险沟通等多个环节，

[1]本文得到中国气象局气象软科学研究重点课题"我国气象灾害管理中的'预警响应失灵'原因及治理路径研究"（项目编号：2023ZDIANXM10）的支持。研究指导：王志强

任何一项出现偏差都可能导致预警响应失灵。例如,气象部门提供了预警信息,而政府或相关部门没有跟进的响应措施,就属于典型的预警响应失灵。具体来看,气象灾害预警响应失灵重点表现为如下五种形态。

(一)气象监测预报能力受限,导致灾害预警"漏、偏、迟"

"漏"是指基于现有的科技水平和人们对自然界的认识,导致某些灾害性天气很难提前准确预报;"偏"是指预警强度存在量级上的偏差,如北京"7·21"暴雨,虽然提前24小时预报出暴雨,但"预报和实际的降雨差了一个量级";"迟"是指预警的精确性与预警的时效性成反比,在预警的"准"和"早"之间找平衡始终是气象预警服务的难点和关键。

(二)缺乏灾害情景的完整描绘,导致灾害预警链条"断裂"

基于科学事实研判形成的气象预警,一般以数据提供为主,代入感和情景描绘不足,往往不能引起决策部门的足够重视。如甘肃白银"5·22"马拉松事件,气象预警发布以要素(大风、小雨、降温)预报为主,潜在风险图景缺乏进一步勾画,叠加相关部门和个体的响应滞后,导致预警响应链条断裂。

(三)预警信息多发重发,导致预警不能"精准滴灌"

预警发布过多过频会降低警示的作用效果。调研显示,一方面,气象部门内部存在多级预警重复发布现象,另一方面,气象、水利、自然资源等各个部门之间也存在多头发布现象。预警多发重发导致接收信息的部门和个人存在信息疲劳,在重大灾害来临时,往往不能及时做好备灾和应对。

(四)决策部门对风险的判断力不足,导致预警不能及时响应

预警信息发布之后,如果决策过程中发生决策忽略、决策规避、决策迟疑等现象,就会出现预警响应决策失灵,从而难以发挥好预警的警示和指导功能。如2005年美国的"卡特里娜"飓风,政府在法律文件求证中浪费了很多时间,直到风暴来临前的20小时才发出强制疏散的命令,造成严重损失。

(五)公众对气象灾害风险感知存在偏差,导致避险行动失败

充分的风险沟通是校正公众的风险感知偏差、采取正确风险应对行为的重要方式。若公众对预警的理解和认识不足,未能采取有效的避险活动将导致预警响应失灵。如2022年8月四川彭州山洪灾害中,少数公众面对预警及反复劝阻未按要求及时撤离,导致死伤事件发生。持续强化"最后一公里"的风险沟通十分必要,让公众准确理解风险、主动防控风险,成为灾害风险的"有知者"和"有畏者"。

分析上述预警响应失灵的现象,其产生主要包括以下三个层面的原因。第一,由内嵌于制度中的结构性失灵所导致。结构性失灵是指由于应急管理制度结构设计不当而造成的应急失灵。表现最为突出的是未处理好部门关系和条块关系,不同组织利益冲突、权责不清、管理关系未能理顺等都导致了应急管理未能形成合力。第二,由风险感知偏差引起。如2005年的台风"麦莎",北京地区预报本次台风将带来强降雨过程,但实况平均降雨量为20毫米,加之当地政府受前一年(2004年)汛期防范不足的影响,采取了更为严格的防范措施,造成了事实上的响应过度。第三,由新兴风险引发的知识性失灵所导致。知识性失灵是由于缺乏新兴风险相关知识而造成,气象灾害领域的新兴风险重点体现在陌生性、系统性、极端性等几个维度,如超出常规认知的白银马拉松"失温"、郑州"7·20"暴雨强度等,从风险特性看,都属于知识性失灵范畴。

二、防范和治理气象预警响应失灵的对策建议

面对全球日益增多的极端天气气候事件,需高度重视对气象灾害的"危机预控"。针对不同类型的预警响应失灵现象,要采取更有针对性的防范和治理策略,具体建议如下。

（一）大力发展基于风险的预警和基于影响的预报,提升气象预报预警的响应价值

气象观测、天气预报、灾害预报、影响预报、风险预警、决策响应等多个环节构成了气象风险预警价值链,链条中的每个环节都会增加价值,也受其他环节影响造成价值损耗。如果信息在传递过程中缺失了关键信息或不畅通,就会落入"死亡之谷",影响最终用户的决策和行动。因此,要强化系统思维,整体和全面地看待气象风险预警价值链,打破过去展示天气要素阈值的警示,大力发展基于天气可能造成风险及影响的警示。要通过跨学科、跨部门合作和技术融合创新来推动各环节间"桥梁"的建立,强化多部门联合,加强气象灾害风险预报影响阈值的学科研究和业务运行机制,推动灾害性天气预报向气象灾害风险预警转变。要探索将灾害性天气信息转化为对特定部门和地点的影响信息,从"天气将是什么"转向"天气将做什么"。

（二）大力完善多部门联动机制,用好预警后的"窗口期",避免预警信息一发了之

"预警信息—风险沟通—决策响应"是预警信息从官方信息源到终端用户的流动过程。终端用户既包括公共管理部门的决策者,也包括社会公众,其多主体特征意味着预警信息不能一发了之,不能成为一个孤立的信息发布行为。要强化风险沟通,牢固树立"以人民为中心"的理念,在规定动作避免问责风险之外,与交通、应急、水利、

农业农村、自然资源等涉灾行业主管部门建立互动联动机制,提升部门之间的信任度,为危机预控下好"先手棋";要提升灾害风险沟通效果,特别是在危害严重性、灾害影响时间和范围等方面做好预判并及时沟通,注重机构声誉,杜绝因"避责"而"滥发",提升预警信息针对性,在"精准"二字上持续发力;要建立健全基于重大气象灾害高级别预警信息高风险区域、高敏感行业、高危人群的科学响应机制和应急处置程序,用好预警后的"窗口期",对灾害性天气可能带来的影响进行提前布控,精准调度,强化响应演练。

(三)大力推动重大气象灾害情景构建,以大概率思维有效应对小概率巨灾

情景构建是真实风险的实例化、"假想敌",通过风险分析评估、任务梳理、能力资源调查,有助于提前发现问题,让问题浮出水面,从而明确气象灾害应急准备的目标。调研发现,美国、德国、日本等发达国家以重大突发事件情景引导的系列工作已经成为其开展应急准备的标准化方法和抓手性策略。对比国内,情景构建在安全生产、民航、电力、公共卫生、地震等诸多行业和领域也已初步得到应用,效果良好。如北京市在"7·21"特大暴雨洪涝灾害发生后构建的灾后恢复重建规划体系,将利用巨灾情景构建这一抓手提升应急能力。气象灾害具有多样性、复杂性、连锁性等特征,针对气象灾害的特点开展灾害情景构建十分必要。气象部门应启动重大气象灾害情景构建工作,注重加强顶层设计,为地方上开展相关工作提供范式参照,以使情景构建更好地服务于我国气象灾害应急管理实践中的应急准备、灾害预警、风险评估、应急预案编制和演练等环节。

(四)大力加强对"关键少数"的专业化培训,做好有效预警响应的意识与能力准备

作为承担气象防灾减灾政策落地重任的"关键少数",地方党政领导干部是气象灾害应对与处置能否成功的重要因素,应高度重视和加强这一群体的培训。要强化政策培训,帮助其更加准确地理解中央精神、政策要求,提高执行政策的意识与水平,提高防范化解气象灾害风险宏伟蓝图的"施工质量"。要强化底线思维培训,帮助其认识和理解预警信息的不确定性问题,用应急准备的确定性应对灾害风险的不确定性,充分理解习近平总书记强调的"宁可十防九空,不能失防万一""宁听骂声,不听哭声"的本质。要强化执行力提升培训,特别是在"不确定"场景下如何开展预警响应决策的能力培训,要提升面对"非常规"灾害时解决重点难点问题的能力,将气象灾害预警信息切实转化为防灾减灾的实际行动。

党的创新理论

以高质量党建引领气象高质量发展

王怀刚　刘怀玉　周亮亮　李　杨　董　杰　张文晓

中国气象局气象干部培训学院（中共中国气象局党校）

要点：本文聚焦党建与业务深度融合，从理论层面探析和深层次思考高质量党建引领气象高质量发展的内在逻辑、时代特征、存在问题与实践路径，提出要从政治建设、思想建设、组织建设、作风建设、纪律建设、制度建设六个维度引领气象高质量发展，从而实现党建和业务的深度融合。

党的二十大报告指出，高质量发展是全面建设社会主义现代化国家的首要任务。《纲要》提出了气象高质量发展的总体思路、发展目标、重点任务和具体举措，是当前和今后一个时期气象高质量发展的纲领性文件。推动气象高质量发展离不开党的强有力领导和组织保证，立足新发展阶段，气象部门坚定不移全面从严治党，深入推进新时代党的建设新的伟大工程，要全面落实新时代党的建设总要求，在理论探析中深层次思考高质量党建引领气象高质量发展的内在逻辑、时代特征、存在问题与实践路径。

一、高质量党建与气象高质量发展的内在逻辑关系

（一）实现高质量发展是中国式现代化本质要求

党的二十大报告指出，实现高质量发展是中国式现代化的本质要求。报告同时强调，全面建设社会主义现代化国家、全面推进中华民族伟大复兴，关键在党。新中国气象事业 70 多年的实践探索和取得的辉煌成就，充分证明高质量党建和气象高质量发展之间具有内在的、本质的关联属性。其逻辑关系一言以蔽之，就是高质量党建是气象高质量发展的引领和保证。

（二）高质量党建是气象高质量发展应有之义

习近平总书记强调，高质量发展不仅仅是指经济领域，还包括党和国家事业发展的其他各个领域。因此，提高党的建设质量也是气象高质量发展的应有之义和有机组成部分。从理论逻辑看，政党建设保障政党功能的发挥，以高质量党建引领保障气

象高质量发展是新时代中国共产党以伟大自我革命推进伟大社会革命在气象部门的具体实践。从历史逻辑看,党的百年奋斗史,就是一部不断推进党的建设高质量发展史,气象部门正是在全面加强党的领导与党的建设中发展壮大的。从现实逻辑看,贯彻落实《纲要》要求,加快推进气象高质量发展,必须以高质量党的建设为引导、作保障。

(三)气象高质量发展需要高质量党建引领保障

党的十八大以来的实践已经证明,高质量党建引领高质量发展是新时代我国经济社会发展的根本保证。高质量党建是实现气象高质量发展的政治前提、根本保证、重要动力,气象高质量发展是高质量党建的价值旨归、实践追求和关键面向。二者统一于中国特色社会主义气象事业中,形成了中国特色气象事业的独特优势。气象事业是党的事业、人民的事业,加强党对气象事业的全面领导,是人民气象事业诞生以来、新中国气象事业70多年来取得辉煌成就和全部历史经验的总结。

(四)党建优势能够转化为气象高质量发展优势

加强党的建设,强化党的领导是推进国家治理体系和治理能力现代化的根本保证。只有高质量抓好党的政治建设,才能增强党组织的政治功能,充分发挥党推动气象发展的强大政治优势和组织优势;只有高质量抓好党的思想建设,才能有效发挥党的科学理论的实践伟力,使气象发展在科学的轨道上向前推进;只有高质量抓好党的组织建设,才能为气象发展提供组织保证,更好地发挥党员先锋模范作用和基层党组织的战斗堡垒作用;只有高质量抓好党的作风建设,才能永葆党的先进性和纯洁性,广泛凝聚广大干部职工推动气象发展的智慧和力量;只有高质量抓好党的纪律建设和反腐败斗争,才能为气象发展保驾护航,营造良好的政治生态。

二、新时代气象部门党的建设高质量的鲜明特征

结合气象事业是科技型、基础性、先导性社会公益事业的定位,气象部门党的建设高质量至少体现五个鲜明特征。

(一)高质量党建是以人民为中心的党建

以人民为中心,是习近平新时代中国特色社会主义思想的理论原点。习近平总书记在"7·9"重要讲话中强调,新时代党的建设必须"围绕中心、建设队伍、服务群众"。气象工作关系生命安全、生产发展、生活富裕、生态良好,做好气象工作意义重大、责任重大。优质的气象服务关系新时代人民美好生活的最直接、最现实、最普惠的需求,用之不觉、失之难存。气象事业早已成为党为人民服务的一线和窗口,直接

关系民生和民心。加强气象部门党的建设,必须把服务群众作为党建工作的出发点和落脚点,要把让人民有更多、更直接、更实在的气象服务获得感、幸福感、安全感作为衡量和检验党建工作成效的重要标准。

(二)高质量党建是高标准的党建

习近平总书记指出,"标准决定质量"。新时代党的建设总要求中"把党建设成为始终走在时代前列、人民衷心拥护、勇于自我革命、经得起各种风浪考验、朝气蓬勃的马克思主义执政党",这既是新时代党的建设目标,也是党的建设标准。"始终走在时代前列"强调先进性,要求党把握历史大势,立足两个大局,心怀"国之大者",永葆与时俱进的理论和实践品质;"人民衷心拥护"强调政治立场,要求党坚持以人民为中心,牢记初心使命,持续改进作风,永葆对人民的赤子之心;"勇于自我革命"强调政治品格,要求党不断增强自我净化、自我完善、自我革新、自我提高的能力;"经得起各种风浪考验"强调政治定力,要求党增强忧患意识,见微知著,未雨绸缪,提高防范化解重大风险的能力;"朝气蓬勃"强调执政形象,要求党充分调动积极性、主动性、创造性,始终保持昂扬向上、锐意进取的精神状态;"马克思主义执政党"强调政党属性,要求党以马克思主义为指导,立足长期执政的基本定位,不断夯实执政基础、巩固执政地位、提高执政本领。

(三)高质量党建是以系统观念为指导的党建

习近平总书记指出,"系统观念是具有基础性的思想和工作方法"。新时代党的建设总体布局,即全面推进党的政治建设、思想建设、组织建设、作风建设、纪律建设,把制度建设贯穿其中,深入推进反腐败斗争。新时代党的建设总体布局呈现了党的建设新的伟大工程的完整结构和整体框架,展示了党的各项建设的地位和作用。党的各方面建设都不是孤立的,只有融会贯通、相互联系,才能共同构成党的建设新的伟大工程这一有机整体。以高质量党建引领保障气象高质量发展,必须以政治建设"立本",以思想建设"铸魂",以组织建设"炼体",以作风建设"展形",以纪律建设"明戒",以制度建设"立规",以反腐败斗争"排毒",在系统观念的指导下全面协调整体推进。

(四)高质量党建是与业务深度融合的党建

习近平总书记指出,"推动党建和业务深度融合,机关党建工作才能找准定位"。党建和业务工作是相互依托、相互促进、相辅相成的,两者必须协调推进,不可顾此失彼。在思想认识上深度融合,牢固树立党建和业务工作同频共振、互为促进的理念,不断增强推动党建和业务工作深度融合的思想自觉、政治自觉和行动自觉。在推动工作上深度融合,做到党建工作和业务工作一起谋划、一起部署、一起落实、一起检查,使各项举措在部署上相互配合、在实施中相互促进。在制度机制上深度融合,把业务工作薄弱环节反映的政治思想、作风纪律、能力素质问题作为党建工作着力点。在检查考核上深度融合,坚持党建和业务联动式评价,加大抓党建工作的权重,把党建工作成效作为衡量领导班子和领导干部工作实绩的重要依据。通过党建和业务深度融合,切实把讲政治的要求落实到业务工作中,把高质量党建放到气象高质量发展的大局中谋划和推进;同时,把监测、预报、服务等气象事业的各领域各环节工作都内化到各级气象部门党的建设之中,把抓中心工作完成、重大任务落实作为检验党的建设的试金石,有效发挥党的建设在业务工作、事业发展中的政治引领、督促落实、监督保障作用。

(五)高质量党建是各级党组织全面进步全面过硬的党建

习近平总书记指出,"党的全面领导、党的全部工作要靠党的坚强组织体系去实现"。要健全组织覆盖,横到边、纵到底,不留漏洞、死角。要强化层层压力传导,避免"上热中温下冷",形成齐抓共建的党建合力。党组(党委)履行主体责任,加强领导,做好顶层设计;带头学习,把准工作方向;党组(党委)书记突出"第一责任",班子成员履行"一岗双责"。纪检组(纪委)履行监督责任,厘清责任边界,筑牢监督基础;严惩腐败行为,增强执纪震慑;持续纠正"四风",提升监督实效;打造纪检"铁军",强化履职保障;增强协作配合意识,协助党组(党委)落实全面从严治党主体责任。党支部履行直接责任,实现党政责任"一肩挑",将管党治党责任传导到"最后一公里";搭建平台,打造品牌,切实做好教育党员、管理党员、监督党员和组织群众、宣传群众、凝聚群众、服务群众的各项工作。每位党员主动参与,牢记第一身份是党员,第一职责是为党工作,积极投身党的建设各项工作。通过各级党组织全面进步全面过硬实现党的建设高质量,实现党的建设高质量引领保障气象高质量发展。

三、高质量党建引领气象高质量发展存在问题和短板

党的二十大报告指出,在充分肯定党和国家事业取得举世瞩目成就的同时,必须清醒看到,我们的工作还存在一些不足,面临不少困难和问题,其中包括推进高质量发展还有许多卡点和瓶颈。党的十八大以来,中国气象局党组高度重视新形势下气象部门党的建设工作,以党的政治建设为统领,着力深化理论武装,着力夯实基层基础,着力推进正风肃纪,着力从严管党治党,为气象事业实现高质量发展提供了坚实政治保障。但同时也仍然存在问题和不足,从2020—2022年气象部门全面从严治党工作会议通报的情况、巡视巡察反馈的意见以及问卷调查统计的结果来看,制约高质量党建引领气象高质量发展的短板弱项主要体现在以下五个方面。

（一）党建对气象高质量发展引领作用还有待深化

仍有少数党组织政治站位不够高、思想认识不够到位，存在把履行党的政治责任简单行政化、业务化现象。少数领导干部和基层组织把气象业务当硬任务，把党建工作当软指标。问卷调查显示，60%的调查对象对"没有脱离业务的政治，也没有脱离政治的业务"认识不够深刻。

（二）对气象高质量发展指导能力不足

自觉运用新思想破解气象事业改革发展难题的办法还不多，措施还不够有力。问卷调查显示，仅有34%的干部职工认为自身理论学习与实际工作结合比较紧密，大多数认为在运用党的创新理论指导气象业务工作实践、破解业务发展难题、推动气象高质量发展方面的能力不足。

（三）组织力对气象高质量发展提升作用不够

基层党组织建设还存在薄弱环节，对机关、事业单位、企业等党组织的分类指导不够，在实际工作中党支部战斗堡垒作用和党员先锋模范作用发挥不够明显。问卷调查显示，72%的干部职工认为要优化党建工作组织体系，加强干部人才队伍建设。

（四）气象高质量发展的政治生态还需优化

全面从严治党"两个责任"落实不够到位，压力传导层层减弱现象还不同程度存在。问卷调查显示，32%的干部职工认为党组（党委）领导班子成员"一岗双责"意识有待强化；24%的干部职工认为仍然存在形式主义、官僚主义现象。

（五）气象高质量发展的管理体系还需完善

与党规党纪和中央文件相配套的务实管用、符合气象行业特点的党建工作制度体系还不够完善，制度执行不够严格。党的建设环节和流程规范化、制度化程度还不高。在责任落实、检查考核与监督、考核结果应用等环节衔接不够，作用发挥也不够。

四、以高质量党建引领气象高质量发展的实践路径

党的二十大报告要求，深入推进新时代党的建设新的伟大工程，以党的自我革命引领社会革命。落实新时代党的建设总要求，要坚持系统观念，统筹协调推进党的政治建设、思想建设、组织建设、作风建设、纪律建设、制度建设和反腐败斗争，全面提高气象部门党的建设质量和水平，以高质量党建引领气象高质量发展。

（一）以政治建设的高质量引领气象高质量发展

一是强化政治领导，确保气象事业始终坚持正确发展方向。必须始终坚持党对气象事业的全面领导，在推动气象业务工作中坚持正确政治方向，做到"两个维护"。坚决贯彻落实党中央决策部署和习近平总书记重要指示批示精神，全面推进《纲要》实施，切实做好研究部署、狠抓落实、督促检查、及时报告、跟踪问效等各环节工作。强化政治机关意识，提高政治站位，紧扣气象工作关系"生命安全、生产发展、生活富裕、生态良好"的政治方向，自觉对标对表中央要求和局党组决策部署，从政治上认识问题、解决问题。二是坚定政治立场，增强践行初心使命的思想自觉和行动自觉。将不忘初心、牢记使命作为各级党组织党的建设的永恒课题和全体党员干部的终身课题常抓不懈。始终坚定以人民为中心的政治立场，以人民是否满意作为检验气象工作成效的根本标准。深化拓展"人民至上、生命至上"主题实践活动，推动"人民至上、生命至上"理念在气象部门各业务领域、链条和环节得到充分彰显。不断提升气象服务的针对性、有效性和均等化水平，以气象高质量发展满足人民群众美好生活对气象服务日益增长的需要。三是提升政治能力，为气象高质量发展提供强大动力。提升气象干部的政治判断力，要在学思践悟中增强"四个意识"、坚定"四个自信"，把党的政治主张铸入灵魂、融入血液。提升气象党员干部的政治领悟力，深入学习领会习近平总书记重要指示批示精神和《纲要》要求，真正面向国家重大战略、面向人民生产生活、面向世界科技前沿，坚持创新驱动、需求牵引、多方协同，创造性开展工作。提升气象党员干部的政治执行力，围绕充分发挥气象防灾减灾第一道防线作用，构建科技领先、监测精密、预报精准、服务精细、人民满意的现代气象体系，把各环节工作做细做实，把各领域短板补齐补牢，在推进气象工作中发挥表率作用。

（二）以思想建设的高质量引领气象高质量发展

一是强化理论武装，把握好习近平新时代中国特色社会主义思想的世界观和方法论，坚持好、运用好贯穿其中的立场观点方法。学习内容上，把习近平新时代中国特色社会主义思想，作为各级党组织和党员干部学习的核心内容和重中之重，健全及时传达和学习贯彻习近平总书记重要讲话、重要指示批示以及党中央重要会议精神和重大工作部署制度。学习组织上，推进学习型党组织建设，形成以上率下领学、定期指导督学、结合实际深学、互动交流促学、积极主动自学、全员培训研学的学习机制。学习主体上，面向"全体党员"，紧抓"关键少数"，辐射党外人员、青年骨干。学习效果上，强化理论联系实际，将理论学习所得体现在干好本职工作、推动气象高质量发展上，以推进气象高质量发展的实际检验学习成效。二是加强党性教育，坚定理想信念，鼓足前进动力。教育引导广大气象干部职工牢固树立对马克思主义的信仰、对社会主义和共产主义的信念，补足精神之钙，筑牢思想之魂。解决好世界观、人生观、价值观这个"总开关"问题,坚守理想信念高地。及时把握广大气象干部职工思想动态,开展耐心细致有针对性的思想政治工作,站稳守好意识形态主阵地。三是形成集中教育与常态化教育相互衔接机制。建立常态化长效化制度机制,巩固拓展集中教育成果。持续加强党史、新中国史、改革开放史、社会主义发展史、中华民族发展史和人民气象事业发展史的学习,进一步做到学史明理、学史增信、学史崇德、学史力行。把"六史"内容纳入理论学习中心组、党支部、青年理论学习小组学习,作为局党校教育培训的必修课,推动党员干部传承红色基因,赓续红色血脉。持续开展"我为群众办实事",推动各级党组织和广大党员干部满腔热情为群众办实事、解难事,以气象高质量发展满足人民群众美好生活对气象服务日益增长的需要。

(三)以组织建设的高质量引领气象高质量发展

一是加强基层党组织建设,发挥其政治功能、组织力和战斗力。扩大组织覆盖面,健全组织体系,选优配强基层党组织负责人,健全党组织班子,实现组织建设标准化。增强党内生活严肃性,坚持和发扬实事求是、理论联系实际、密切联系群众、批评与自我批评等优良传统,使党内生活成为锻炼党性、提高思想觉悟的熔炉。充分发挥支部的战斗堡垒作用。坚持抓两头带中间,不断扩大先进支部增量、提升中间支部水平、抓好落后支部整体提升,激发党支部和广大党员内生动力、自主动能。二是加强干部队伍建设,锻造政治过硬、堪当重任的高素质专业化干部队伍。健全完善针对干部队伍的素质培养体系、知事识人体系、选拔任用体系、从严管理体系、正向激励体系。加大力度培养选拔德才兼备、忠诚干净担当的气象部门高素质专业化干部特别是优秀年轻干部。注重在基层一线、业务科研服务等方面培养优秀青年干部,源源不断地为气象部门党员队伍输送新鲜血液和有生力量。三是加强人才队伍建设,让事业激励人才,让人才成就事业。坚持党对人才工作的全面领导,大力弘扬科学家精神和工匠精神。坚持人才引领发展的战略地位,以人才支撑气象科技自主创新能力持续提升。加强气象高层次人才队伍建设,培养造就一批气象战略科技人才、科技领军人才和创新团队、青年科技人才队伍,加快形成气象高层次人才梯队。统筹不同层级、不同区域、不同领域人才发展,建设京津冀、长三角、粤港澳大湾区高水平气象人才高地,引导和支持高校毕业生到中西部和艰苦边远地区从事气象工作,在基层台站专业技术人才中实施"定向评价、定向使用"政策,夯实基层气象人才基础。

(四)以作风建设的高质量引领气象高质量发展

一是驰而不息反"四风",释放高质量发展活力。持续加固中央八项规定堤坝,紧盯"四风"新表现新变种,密切关注苗头性、倾向性、隐蔽性问题,坚决纠治影响党中央决策部署贯彻落实、漠视侵害群众利益、加重基层负担的形式主义、官僚主义,深入整治损害党的形象、群众反映强烈的享乐主义、奢靡之风,查处不尊重规律、不尊重客观实际和群众需求的乱作为问题以及推诿扯皮、玩忽职守、不思进取的不作为问题。二是践行群众路线，持续加强改进领导作风与工作作风。各级领导干部坚决破除特权思想和特权行为，坚持群众观点，走好群众路线，身体力行，以上率下，形成"头雁效应"。落实好领导干部联系党支部、联系业务专家、联系青年骨干、联系重大业务科技项目、联系重大业务科研课题制度。领导干部要经常深入基层、深入群众，随时指导解决业务发展中存在的问题，创新群众工作方法，走好网上群众路线。强化干部职工的担当意识，引导干部职工在干事创业过程中敢于较真碰硬，攻坚克难，善作善成。三是弘扬伟大建党精神和气象优良传统，激发干事创业的激情。广泛开展以伟大建党精神为源头的中国共产党人的精神谱系教育，传承中华文化和中国精神的时代精华。传承弘扬气象部门干部职工的优良传统与精神文化风貌，用红色气象史，特别是在新中国气象事业的奋斗历程中形成的科学家群体、先进模范和先进人物群体、优秀干部职工群体，宣传气象人顽强拼搏、不懈奋斗的事迹、精神与品格。采用选取先进典型、定期评选、征集案例、表彰奖励等举措，挖掘、评选、宣传、学习新时代气象部门的先进典型，发挥其引领示范作用。

（五）以纪律建设的高质量引领气象高质量发展

一是抓在日常严在经常，强化党员教育管理。抓好纪律教育、政德教育、家风教育，引导气象党员干部筑牢拒腐防变的思想道德防线。持续组织开展党风廉政宣传教育月活动，加强警示教育，坚持"用身边事教育身边人"，发挥反面典型警示教育作用。把经常性纪律教育贯穿气象事业发展全过程，持续将纪律教育纳入气象干部教育培训、支部"三会一课"、主题党日等学习内容，用好谈心谈话和民主评议党员。加强监督管理，把铁的纪律转化为党员干部的日常习惯和自觉遵循，始终在纪律和规矩之下行动。坚持问题导向，创新提升气象部门党员教育管理工作现代化水平。二是运用"四种形态"，强化监督执纪问责。加强对领导班子特别是"一把手"的监督管理，强化选人用人进人监督，做好对年轻干部的教育管理监督。压实纪检组（纪委）监督责任，贯彻落实《中国共产党纪律检查委员会工作条例》。健全巡视整改促进制度机制，用好用足巡视成果，一体推进巡视监督、整改和治理。协调发挥党内监督与其他各种监督的作用，持续推动并优化巡视监督与其他监督融合协作机制，探索建立巡视巡察任务联动工作机制，提升监督合力。落实好纪检监察体制各项改革任务。深化运用"四种形态"，注重抓早抓小抓日常。紧盯气象部门政策制定、行政审批、资金分配、检查督办等重点领域和关键环节，严肃查处违规违纪问题。加强信访举报、线索处置、纪律审查等工作，继续做好受处分干部跟踪回访工作，加强气象部门纪律执行的监督检查。

（六）以制度建设的高质量引领气象高质量发展

一是加强制度建设，建立健全系统制度体系。紧密结合气象部门实际，有针对性地细化为部门制度体系。及时将气象部门坚持党的全面领导、推进党的各方面建设的成功探索、有益经验通过制度建设固化下来，使之成为进一步开展党建工作、引领保障气象高质量发展的制度依据。突出系统观念，加强统筹、协调联动，有效集聚资源力量，充分发挥党组（党委）、纪检组（纪委）、机关党委（巡视办）、党支部、党小组各自作用，切实增强党的建设的整体性，党的各方面建设的协调性，以高质量党的建设引领保障气象高质量发展的实效性。二是加强制度执行，强化督促检查与考核评价。牵住责任制这个"牛鼻子"，让全面督责考责、问责追责成为提高党建质量的"助力器"。突出督查重点，围绕贯彻落实党中央决策部署、习近平总书记重要指示批示精神、《纲要》要求，围绕党组（党委）部署的重点任务开展督查，及时报告有关情况。丰富督查方式，充分运用现场核查、抽查暗访、访谈座谈等工作手段，切实增强督查实效。加强督促整改，对督查中发现的问题和提出的整改建议，盯住不放、务求落实，督促有关部门、单位列出清单、明确时限、整改到位。强化考核结果运用，将党建工作情况作为领导干部选拔任用、培养教育和奖励惩戒的重要依据，实现党建指标由"软"向"硬"转变。

"两个确立"是气象高质量发展的根本保证[1]

杨　萍　王卫丹　闫一铭　匡　钰

中国气象局气象干部培训学院(中共中国气象局党校)

要点:"两个确立"是党的十八大以来党做出的重大政治抉择,对新时代党和国家事业发展、推进中华民族伟大复兴历史进程具有决定性意义。本文以"两个确立"与气象高质量发展的内在关系入手,从不同视角理解"两个确立"对气象高质量发展的决定性意义。一是"两个确立"保障了气象高质量发展迈出新步伐;二是"两个确立"标定了气象高质量发展的前进方向;三是以"两个确立"引领气象高质量发展实现新的跨越。

"两个确立"是党的二十大报告最具标志性的成果之一,是体现全党共同意志、反映人民共同心声的重要政治成果。中国气象局党组已经对气象部门深入学习领会贯彻党的二十大精神作出部署,特别提出要深刻领悟"两个确立"的决定性意义。对标党的二十大战略部署,深入理解和准确把握"两个确立",将"两个确立"内化于心、外化于行,有利于推动实现气象高质量发展、服务全面建设社会主义现代化国家的宏伟蓝图。

一、"两个确立"保障了气象高质量发展迈出新步伐

习近平总书记提出"五个牢牢把握",首先是要牢牢把握五年工作和新时代十年伟大变革的重大意义。新时代十年伟大成就彰显"两个确立"决定性意义,要求我们在坚决拥护"两个确立"中坚定历史自信、发展自信。作为党的十八大以来党的建设最重要的政治成果,"两个确立"也保障了气象高质量发展取得明显成效、迈出坚实步伐。

(一)"两个确立"作为党的建设重大政治成果,对气象高质量发展起到了定向定位的根本作用

党的十八大以来,党和国家事业取得历史性成就、发生历史性变革,实现一系列突破性进展,取得一系列标志性成果,究其根本在于确立了习近平同志党中央的核

---

[1] 研究指导:王志强

心、全党的核心地位,确立了习近平新时代中国特色社会主义思想的指导地位。这是全党意志的高度集中,是党心民意的高度体现,由党面临的形势任务所决定,由党的十八大以来的实践所证明。从历史维度看,一个国家的崛起和现代化进程都必须有强大的国家治理体系和强有力的领导核心,中国特色社会主义新时代之所以能够取得历史性成就、发生历史性变革,从根本上说,就在于有以习近平同志为核心的党中央坚强领导,在于有习近平新时代中国特色社会主义思想指引航向;从现实维度看,中国特色社会主义进入新时代,世界面临百年未有之大变局,中国面临的内外因素比历史上任何时候都要复杂,这就决定了今后一个时期比以往任何时候都更加需要坚决维护党中央权威和集中统一领导,都更加需要坚决维护习近平同志党中央的核心、全党的核心地位。实践证明,坚强的领导核心和科学的理论指导是关乎党和国家前途命运的根本性问题,是党和国家夺取新征程新胜利的根本保证,也是引领气象事业实现高质量发展的旗帜。

(二)"两个确立"是总结党的百年奋斗历程得出的重大历史结论,是气象高质量发展凝心聚力的信心之源

纵观百年党史,是历史和人民选择了中国共产党。没有中国共产党,就没有新中国,就没有中华民族伟大复兴。因为党真正把人民放在第一位,解决一个个难题,不断增强做中国人的志气、骨气、底气,我们党才因此历经百年而不衰。面临百年未有之大变局,我们党总结历史经验,确立习近平同志党中央的核心、全党的核心地位,确立习近平新时代中国特色社会主义思想的指导地位,这是时代呼唤、历史选择、民心所向。"两个确立"有效保证了党在践行初心使命、全面建成社会主义现代化强国、实现中华民族伟大复兴、新时代坚持和发展中国特色社会主义等关乎"中国共产党是什么、要干什么"的根本问题上,不出现颠覆性错误,是我们党总结百年奋斗历程得出的重大历史结论。进入高质量发展的新时代,防灾减灾、社会生产、人民生活、生态文明建设、统筹安全与发展等都对气象高质量发展提出了新要求和新挑战,学深悟透"两个确立"的决定性意义,有利于气象部门凝心聚力、增强自信、坚定信心,确保在新征程中勇毅前行。

(三)"两个确立"是党和国家事业兴旺发达的根本保证,保障气象高质量发展迈出新步伐

确立习近平同志党中央的核心、全党的核心地位,关系组织保证,确立习近平新时代中国特色社会主义思想的指导地位,关系思想保证,这是党和国家事业兴旺发达的根本保证。拥护"两个确立",形成全党全民的自觉意识和统一行动,党和国家的各项事业就能枝繁叶茂、花团锦簇。回顾气象事业的发展,在面对极端事件频发、核心技术受制等风险挑战时,气象部门能够把"两个确立"融入事业发展大局并付诸行动,

已经取得显著成效:结构完善、功能先进的气象现代化体系初步建立,公共气象服务和气象防灾减灾效益充分显现,气象防灾减灾第一道防线作用得到有效发挥,综合气象观测系统达到世界先进水平,气象预报预测能力、信息化能力、国际气象治理能力不断提升,气象科技创新和人才队伍稳步推进,气象发展环境得到持续改善。实践证明,正是在以习近平同志为核心的党中央的全面领导下,在习近平新时代中国特色社会主义思想的科学指导下,气象事业发展一步一个脚印,从一个台阶跃上新的台阶。

二、"两个确立"标定了气象高质量发展的前进方向

坚强的领导核心和科学的理论指导,关乎党和国家的前途命运、关乎党和人民事业的曲折和成败。"两个确立"是在"两个一百年"交汇、"两个大局"交织、"两个全面"交融的重大历史节点的重大政治成果。从领导核心的确立来看,体现了我们党的优良传统和政治优势,确保有令必行、令行禁止,确保党的事业发展航线正确;从科学思想指导地位的确立来看,是不断在实践基础上的理论创新,是指引新时代党、国家和民族不断前进的思想灯塔,确保党的事业发展兴旺发达。

(一)"两个确立"明确党的领导核心,确保了气象高质量发展的航线正确

我们党为什么需要核心?马克思早已回答了这个问题:每一个社会时代都需要有自己的大人物,如果没有这样的人物,就要把他们创造出来。遵义会议之前,党的事业发展遭遇重大曲折的根本原因就是没有形成一个成熟的稳定的领导核心。遵义会议确立毛泽东同志的核心地位后,党和人民的事业就不断从胜利走向胜利。进入新时代,确立习近平同志党中央的核心、全党的核心地位,是全党的选择、人民的选择、时代的选择。实践证明,"两个确立"明确了党的领导核心,需要倍加维护,维护核心,就是维护党中央的权威、维护中国共产党的领导、维护党和国家的光明未来。对气象部门而言,维护核心,能确保气象事业发展在党的集中统一领导下,始终秉承为人民服务的宗旨,坚持人民至上,推进气象现代化迈上新台阶。

(二)"两个确立"确立科学的指导思想,赋予了气象高质量发展的动力源泉

中国共产党作为一个长期执政的大党,作为一个为中国人民谋幸福、为中华民族谋复兴,为人类谋进步、为世界谋大同的大党,一盘散沙不行,各吹各的号不行,必须有统一的立场、统一的意志、统一的目标,一句话,必须有统一的指导思想。在中国,这个指导思想就是中国化时代化的马克思主义。社会主义革命和建设时期,是毛泽东思想;改革开放时期,是中国特色社会主义理论体系;中国特色社会主义进入新时代,就是习近平新时代中国特色社会主义思想。在这一科学思想的指导下,中国在经

济建设、政治建设、文化建设、社会建设、生态文明建设、党的建设、军队建设、"一带一路"建设、人类命运共同体建设等各个领域取得了辉煌成就。在这一科学思想的指导下,气象事业发展也被赋予了源源不断的动力,气象整体实力已经接近同期世界先进水平,卫星气象、气象防灾减灾等领域达到世界领先水平,为促进国家发展进步、保障改善民生、防灾减灾救灾等作出了重要贡献。

(三)"两个确立"是伟业扬帆的历史必然,指明了气象高质量发展的实现路径

"两个确立"从内在逻辑看是统一的:习近平同志党中央的核心、全党的核心地位,体现在思想理论上,必须以习近平新时代中国特色社会主义思想为指导;习近平新时代中国特色社会主义思想的指导地位,体现在组织上,必须要维护习近平同志党中央的核心、全党的核心地位。要准确把握"两个确立"的内在逻辑,进一步领悟党中央的领导核心和习近平新时代中国特色社会主义思想之间的内在关系,才能用实际行动捍卫和拥护"两个确立",并落实到气象高质量发展的实践过程中。一方面,习近平新时代中国特色社会主义思想指导气象事业朝着更高的目标奋进,要实现气象高质量发展,必须完整、准确、全面贯彻新发展理念,着力解决气象在服务供给、区域发展、科技支撑、职能发挥等方面的不平衡不充分问题,努力为经济社会实现更高质量、更有效率、更加公平、更可持续、更为安全的发展作出新的贡献;另一方面,习近平总书记关于气象工作的重要指示精神为气象事业发展指明了前进方向、提供了根本遵循、注入了强大动力。要实现气象高质量发展,必须把贯彻党中央精神体现到想事、谋事、干事的全过程,切实把习近平总书记重要指示精神所蕴含的引领力量转化为气象高质量发展的动力和路径,推动质量变革、效率变革、动力变革,努力构建科技领先、监测精密、预报精准、服务精细、人民满意的现代气象体系。

三、以"两个确立"引领气象高质量发展实现新的跨越

新时代,气象高质量发展要实现新的跨越,必须坚持以"两个确立"为引领,始终践行以人民为中心的发展宗旨,以系统观念这一科学的方法论为指导,坚持贯彻新发展理念,为国家、社会和人民提供高质量的气象服务,以"人民满意"为衡量标准建设现代气象体系,推动气象高质量发展实现新的跨越。

(一)践行以人民为中心的宗旨,彰显气象高质量发展为民情怀

党的十八大以来,习近平总书记一系列重要论述突出了我们党为人民谋幸福的初心,昭示了人民是新时代党和国家事业发展的主体和主角。习近平总书记在党的二十大报告中反复强调,"坚持以人民为中心的发展思想""让现代化建设成果更多更

公平惠及全体人民",彰显了中国共产党根基在人民、血脉在人民、力量在人民。对照《纲要》,"努力构建科技领先、监测精密、预报精准、服务精细、人民满意的现代气象体系""优化人民美好生活气象服务供给"是气象工作的奋斗目标和价值所在。气象部门要以"人民满意"为发展之魂,以"为民情怀"扛起使命担当,为经济社会发展提供更高质量的气象服务。一方面,要始终践行"人民至上、生命至上"和"服务国家、服务人民"的理念,不断提高气象灾害监测预报预警能力,为提高全社会气象灾害防御能力提供精准的靶向式服务,切实筑牢气象防灾减灾第一道防线;另一方面,要以"满足人民日益增长的美好生活需要"为根本目的,持续优化和提供更为优质的气象服务供给,特别在提高公众高品质、多样化生活需求上下更大功夫,在服务保障农业、交通、能源等重点行业上下功夫,在强化气候资源合理开发利用上下功夫,在现代信息技术与气象服务的融合上下功夫。

（二）坚持以系统观念为指导,确保气象高质量发展统筹兼顾

系统观念是马克思主义的重要观点和方法论,气象服务国家、社会和人民的基本职能决定了坚持系统观念是气象高质量发展的内在要求,必须把系统观念贯穿于气象高质量发展全过程。要坚持系统观念,善于运用系统思维进行总体性思考、全局性谋划、整体性推进气象工作的方方面面。一方面,要全要素发力释放气象高质量发展的内生动力。气象高质量发展涉及经济、政治、文化、社会、生态等多个领域和各个方面,既是一个相互作用、协同联动、系统集成的有机整体,也是一个递阶发育、迭代升级、具有韧性的动态系统。要自觉主动解决气象系统内外不平衡不充分的问题,精准把握业务布局,统筹协调,错位发展,优势互补,精准配置,充分激发各部门各领域各层级的活力,释放气象高质量发展的内生动力;另一方面,要全方位集成提升气象高质量发展的整体效能。要全面把握、系统集成,坚持历史与现实、理论与实践、国际与国内相结合,从整体到局部、再从局部到整体,协同高效地推进气象服务经济、社会、生态文明等一体化发展,从事业发展的大局协调好气象高质量发展的速度、力度和进度,确保气象高质量发展行稳致远。

（三）坚持以新发展理念为遵循,激发气象高质量发展强大动力

新发展理念是习近平新时代中国特色社会主义思想的重要组成部分,是管根本、管全局、管长远的重大理论创新和实践创新,是气象高质量发展的战略指引。习近平总书记强调,"新发展理念是一个系统的理论体系,回答了关于发展的目的、动力、方式、路径等一系列理论和实践问题"。实现气象高质量发展的各项目标和任务,必须坚持以"两个确立"为引领,完整、准确、全面贯彻新发展理念。第一,要牢牢抓住气象事业的科技属性,大力提升气象科技的核心能力,面对经济社会发展新要求、地球系统演变新特征,要重点解决气象"卡脖子"科技问题,通过完善科技创新体制机制、攻

关关键核心技术、推动气象国际大科技计划等方式下好先手棋,把握发展主动权;第二,要着力增强气象高质量发展的整体性和协调性,统筹兼顾,增强战略规划、政策衔接、区域协调、要素共享等方面发展的均衡性;第三,要把握绿色是永续发展的必要条件,充分认识发挥气象服务生态文明建设的保障作用是气象高质量发展的必要条件,气象部门要站在构建人类命运共同体的高度推动人与自然和谐共生,要从国家生态安全的高度,增强生态系统保护和修复的气象保障,要提升气象高质量发展的生态竞争力;第四,要深刻理解气象的全球化、国际化特征决定了开放是气象事业繁荣发展的必由之路,要积极参与全球气候治理,提升气象服务国家重大战略的能力和水平,主动参与国际气候变化议题谈判,敢于与欧美"同台竞技",要在做实全球业务上久久为功,用心用情服务保障"一带一路"建设,把中国智慧和中国方案扎扎实实转化为各国人民的福祉;第五,要充分认识共享发展理念的实质是始终坚持以人民为中心,共享是手段,共同富裕是目标,追求价值的最大化,从而最大限度满足国家、社会、行业和人民的需求。不仅要加大气象资源和要素的共享力度,更要发挥气象趋利避害、减轻灾害影响的作用,为服务经济社会高质量发展、满足人民对美好生活的向往做出气象特有的不可替代的贡献。

"两个确立"引领气象高质量发展行稳致远[1]

黄秋菊　江顺航　张黎黎　王卓妮　董宛麟　屈　芳

中国气象局气象干部培训学院(中共中国气象局党校)

要点:本文以"两个确立"与气象高质量发展的内在关系入手,从不同视角理解"两个确立"对气象高质量发展的决定性意义。一是"两个确立"是新时代的重大政治共识和各项工作取得辉煌成就的政治保证;二是"两个确立"是气象高质量发展的根本遵循;三是"两个确立"引领气象高质量发展迈向新征程。

认真学习贯彻党的二十大精神,新时代新征程上把中国特色社会主义事业推向前进,最紧要的是深刻领悟"两个确立"的决定性意义,增强"四个意识"、坚定"四个自信"、做到"两个维护",自觉在思想上政治上行动上同以习近平同志为核心的党中央保持高度一致。气象部门深入学习领会党的二十大精神,必须把坚持和维护"两个确立"融入血脉、付诸行动,为推动气象高质量发展、服务全面建设社会主义现代化国家做出更大贡献。

一、"两个确立"是新时代的重大政治共识和各项工作取得辉煌成就的政治保证

(一)"两个确立"是重大政治共识

党的十八大以来,党和国家事业取得历史性成就、发生历史性变革,实现一系列突破性进展,取得一系列标志性成果。究其根本在于确立了习近平同志党中央的核心、全党的核心地位,确立了习近平新时代中国特色社会主义思想的指导地位。以习近平同志为核心的党中央,团结带领全党全军全国各族人民义无反顾进行具有许多新的历史特点的伟大斗争,推动我国迈上全面建设社会主义现代化国家新征程,在这伟大斗争和重大社会变革的紧要关头,习近平总书记发挥着掌舵领航的关键作用。习近平总书记和以习近平同志为主要代表的中国共产党人,创立习近平新时代中国

---

[1]本文得到中国气象局软科学研究重点课题"'两个确立'与气象事业高质量发展"(2022ZDIANXM32)的支持。研究指导:王志强

特色社会主义思想,这一科学理论已经普遍地为人民群众所接受、所掌握、所运用,有力引领指导党和人民事业发展,科学社会主义在二十一世纪的中国焕发出新的蓬勃生机。

(二)"两个确立"是重大历史结论

在全面建成社会主义现代化强国新征程中,要把"两个确立"融入血脉、付诸行动。要从新时代原创性思想、变革性实践、突破性进展、标志性成果中,深刻理解"两个确立"的决定性意义,不断锤炼对党绝对忠诚的政治品格,不断增强政治意识、大局意识、核心意识、看齐意识,不断提高政治判断力、政治领悟力、政治执行力,自觉在思想上政治上行动上同以习近平同志为核心的党中央保持高度一致。

(三)"两个确立"是气象高质量发展的重要政治保障

气象事业是科技型、基础性、先导性社会公益事业,气象工作关系生命安全、生产发展、生活富裕、生态良好,做好气象工作意义重大、责任重大。面向防灾减灾救灾,中国气象局成功应对超强台风、特大洪水、严重干旱等重大气象灾害,建成多部门共享共用的国家突发事件预警信息发布系统,充分发挥了气象防灾减灾第一道防线作用,气象灾害造成的死亡失踪人数由"十二五"年均约1300人下降到800人以下,经济损失占国内生产总值的比例由0.6%下降到0.3%。面向经济社会发展,主动融入国家重大战略和现代化经济体系建设,成功保障了新中国成立70周年等重大活动,为各行各业提供优质气象服务,气象投入产出比达到1:50。面向人民美好生活,围绕衣食住行游购娱学康等多元化需求,大力发展智慧气象服务,气象科学知识普及率达到80.2%,公众气象服务满意度达到90分以上。面向生态文明建设,构建了覆盖多领域的生态文明气象服务保障体系,应对气候变化、人工影响天气、气候资源保护利用、大气污染防治气象保障、生态保护修复气象保障等成效明显。

二、"两个确立"是气象高质量发展的根本遵循

(一)以习近平同志为核心的党中央为气象高质量发展擘画蓝图、指明方向

新中国气象事业70周年之际,习近平总书记作出重要指示,为气象事业发展指明了前进方向、提供了根本遵循、注入了强大动力。气象工作必须牢牢把握"坚持党的领导、坚持服务国家服务人民"的根本方向,牢牢把握气象工作关系"生命安全、生产发展、生活富裕、生态良好"的战略定位,牢牢把握"推动气象事业高质量发展、加快建成气象强国"的战略目标,牢牢把握"发挥气象防灾减灾第一道防线作用"的战略重

点,牢牢把握"加快科技创新、做到监测精密、预报精准、服务精细"的战略任务。

习近平总书记强调,必须把新发展理念贯穿发展全过程和各领域,推动高质量发展,是当前和今后一个时期确定发展思路、制定经济政策、实施宏观调控的根本要求。气象工作要全面贯彻新发展理念,牢牢把握高质量发展要求,推动质量变革、效率变革、动力变革,着力解决气象在服务供给、区域发展、科技支撑、职能发挥等方面的不平衡不充分问题,统筹服务保障国家安全和气象发展安全,科学防范化解重大气象灾害和气候安全风险,努力实现更高质量、更有效率、更加公平、更可持续、更为安全的发展。

（二）习近平新时代中国特色社会主义思想指导气象事业朝着更高的目标奋进

筑牢防灾减灾救灾防线、确保人民生命财产安全,迫切需要提高气象服务保障能力和水平。气象灾害是我国最主要的自然灾害,在全球气候变暖背景下,我国极端天气气候事件增多增强,统筹发展和安全对防范气象灾害重大风险的要求越来越高。这对气象部门提出了更高的目标和要求。要着力提高气象灾害监测预警能力,着力提高全社会气象灾害防御应对能力,着力提高人工影响天气能力,进一步加强气象防灾减灾机制建设,发挥气象防灾减灾第一道防线作用,为人民安全福祉营造安心放心环境。

推动经济社会高质量发展、统筹好发展与安全,迫切需要提高气象服务保障能力和水平。气象是经济社会各行各业不可或缺的生产要素。经济社会高质量发展,要求气象与国民经济各领域深度融合。要更好发挥气象赋能生产发展的动力作用。气象服务要深度融入生产、流通、消费等各个环节,促进和规范气象产业有序发展,激发气象市场主体活力,为各行各业持续注入生机和活力;要更好发挥气象在减轻财产损失的趋利避害作用;要挖掘"气象＋"赋能潜力,在能源开发利用、规划布局、建设运行和调配储运气象服务方面,在强化电力气象灾害预报预警,做好电网安全运行和电力调度精细化气象服务方面,为经济社会高质量发展提供全方位服务。

满足人民群众日益增长的多样化、个性化需求,迫切需要提高气象服务保障能力和水平。气象服务是与民生福祉休戚相关的基本公共服务。不断增强人民群众的获得感和幸福感,要持续加强公共气象服务供给,创新供给模式和建立长效机制,推进服务均等化,实现基本公共气象服务无缝隙全覆盖;要持续丰富面向不同群体的高品质生活气象服务供给,满足人民群众衣食住行全方位的优质气象服务需求;要持续加强覆盖城乡气象服务供给,拉平补齐气象服务的城乡差距,朝着气象服务共享发展的方向持续迈进。

科学应对气候变化、合理开发利用气候资源、助力碳达峰目标和碳中和愿景,迫切需要提高气象服务保障能力和水平。气候是影响自然生态系统的最活跃因素,气候资源开发和应对气候变化、助推全面绿色转型、提供生态产品等方面,对气象工作提出了更高的目标和要求。这就要着力强化应对气候变化科技支撑,着力强化气候资源合理开发利用,着力强化生态系统保护和修复气象保障,深入打好蓝天保卫战,为生态良好提供坚实支撑。

三、"两个确立"引领气象高质量发展迈向新征程

(一)坚持以人民为中心,建立人民满意的现代气象体系

气象部门始终践行以人民为中心的发展思想,力求为社会提供高质量的气象服务,提升社会福祉,满足人民日益增长的美好生活需要。这是气象社会价值所在。客观来讲,当前气象观测、预报和服务能力与"精密监测""精准预报""精细服务"的要求还有差距,观测设备老化,性能亟待提升,预报业务尚不健全,精准度不高,服务"四生"还有短板,亟待构建地球系统理念下协同推进的现代气象体系,提供优质气象服务。而为全社会提供高质量气象服务,实现气象的社会价值,则亟须构建科技领先、监测精密、预报精准、服务精细、人民满意的现代气象体系。

科技领先就是要在地球系统数值预报模式、灾害性天气预报、重大气象观测装备三大关键科技领域实现重大突破。监测精密,就是要基本建成国家天气、气候及气候变化、专业气象和空间气象四类观测网,使结构优化、功能先进的监测系统更加精密。预报精准就是要形成"五个1"的精准预报能力,推动无缝隙、全覆盖的预报系统更加精准。服务精细就是要在气象防灾减灾第一道防线和国民经济全方位保障两方面的作用显著增强,使开放融合、普惠共享的服务系统更加精细。以整体合力建成现代气象业务体系,基本实现以智慧气象为主要特征的气象现代化。

(二)加快气象创新体系建设,不断提高气象供给体系质量

习近平总书记强调,实施创新驱动发展战略决定着中华民族前途命运,社会生产力发展和综合国力提高,最终取决于科技创新。当前,气象科技创新对标"自强自立"仍存在很多不足,科研队伍体量小,科研经费投入不足,有利于激活创新活力和凝聚创新资源的气象科技创新平台和机制尚未建立,新型气象观测技术、数值预报、灾害性天气监测预报预警等关键核心技术薄弱。

要着力推进气象基础能力建设。加强顶层设计,建设陆海空天一体化、协同高效的精密气象监测系统和智能化气象探测装备,打造气象信息支撑系统,建设地球系统大数据平台,推进信息开放和共建共享;着力实施国家气象科技中长期发展规划,加强天气机理、气候变化等基础研究,推动气象与人工智能、大数据等新技术深度融合应用;着力加强气象科技创新平台建设,推进海洋、青藏高原等区域气象研究能力建

设,完善气象科技创新体制机制,主攻关键核心技术,加快解决"卡脖子"难题;着力加强气象高层次人才队伍建设,培养造就一批气象战略科技人才、科技领军人才和创新团队,建立容错机制和宽容失败氛围;着力强化气象人才培养,加强大气科学领域学科专业建设和拔尖学生培养,加强气象教育培训体系和能力建设。

(三)坚持协调发展理念,增强气象服务城乡区域协调发展能力

实现区域协调发展是中国式现代化的必然要求。党的二十大报告提出,我们要坚持以推动高质量发展为主题,将实施扩大内需战略同深化供给侧结构性改革有机结合,增强国内大循环内生动力和可靠性,提升国际循环质量和水平,加快建设现代化经济体系,着力提高全要素生产率,着力提升产业链供应链韧性和安全水平,着力推进城乡融合和区域协调发展,推动经济实现质的有效提升和量的合理增长。

协调发展对气象高质量发展也是必然要求。应着力增强气象服务城乡区域协调发展能力体系建设,解决不平衡不充分问题。牢固树立"一盘棋"思想,加强统筹协调、错位发展、优势互补,强化气象服务的上下协同,分类优化气象服务业务布局,减少国省市县业务冗余,加快形成气象部门优势集聚、协同联动、权责对应、利益共享、规范有序的专业气象服务发展和保障机制。立足《纲要》要求,一方面,气象部门应着力于自身能力建设,转变追求规模数量的粗放式发展思路,坚持质量第一、效益优先,坚持系统观念,提高气象资源配置效率和业务技术效率;另一方面,国省市协同的环境气象预报服务体系不断完善,应通过部门间联动协作,促进气象服务城乡区域协调发展能力体系建设,联合地方政府积极推动区域气象规划的编制和实施,启动气候变化监测评估与生态气象保障工程等重点工程设计,发挥整体效能,增强合力。

(四)贯彻生态文明理念,发挥气象绿色发展保障作用

党的二十大报告提出"全方位、全地域、全过程加强生态环境保护,生态文明制度体系更加健全"。贯彻生态文明理念,发挥气象绿色发展保障作用是气象高质量发展的重要课题。强化应对气候变化科技支撑。实现"碳达峰、碳中和"是绿色发展的必由之路。气象部门要站在推动构建人类命运共同体的高度,开展气候变化对粮食安全、生态安全等影响评估和应对措施研究,提供更丰富的科学数据、产品服务以及更高效益的决策建议,增强参与全球气候治理科技支撑能力。保障绿色发展,要强化气候资源合理开发利用,建立气候资源普查、区划、监测和信息统一发布制度,优化完善风能太阳能监测站网布局,全面勘查评价风电和光伏发电资源;要建设气候资源监测和预报系统、气象服务基地,为风电场、太阳能电站等的规划、建设、运行、调度提供高质量气象服务。保障绿色发展,要强化生态系统保护和修复气象保障。良好生态环境是最普惠的民生福祉,生态系统保护和修复、生态环境根本改善仍需锲而不舍、驰而不息的努力。要从国家生态安全战略高度,实施生态气象保障工程,加强生态保护

红线管控、生态文明建设目标评价考核等气象服务,建立"三区四带"及自然保护地等重点区域生态气象服务机制;要以打赢污染防治攻坚战为目标,优化面向多污染物协同控制和区域协同治理的气象服务,以全面增加优质生态产品供给为出发点,打造气象公园、天然氧吧、气候宜居地等气候生态品牌。

(五)坚持开放共享发展理念,不断提升气象开放发展水平

坚持开放发展理念,一方面是要大力推进气象数据的开放与共享,另一方面是要推进气象融入国家开放战略,积极参与国际治理。推动气象数据的开放与共享,是进一步激活气象数据背后的生产力价值,推动气象服务经济系统、社会生产潜能的必然要求。

应着手进一步扩大气象数据开放,激发大众创业、万众创新的市场活力,加大气象数据开放力度,实现《基本气象资料和产品共享目录》面向社会常态化的定期更新;应不断改进和提高气象数据服务水平,结合社会面需求,集成融合信息技术、整合相关数据资源,不断拓展气象数据服务的手段和途径,提升服务能力和信息化水平;应主动加强气象数据与其他行业数据、经济社会数据的融合共享,加强与水利、农业、海洋、医疗等行业数据共享、融合、协作,综合运用大数据分析挖掘数据深层价值,实现从"数据服务"到"资源服务"的升级,促进部门间合作共赢。

积极参与气象服务国际合作是促进高水平开放,拓展气象服务国家重大战略的重要路径。要主动参与国际气候变化议题谈判,开展双边、多边的气象数字服务、维护和完善多边治理机制,广泛凝聚发展共识,及时提出中国方案,发出中国声音;要务实推进数字经济交流合作,推动"数字丝绸之路"走深走实,高质量开展基于智慧气象等领域的合作,创造更多利益契合点、合作增长点、共赢新亮点,助力实现气象现代化,让开放国际合作成为推动气象高质量发展的新增长点。

践行习近平外交思想，浅析科协组织
深度参与全球科技治理

徐 晶

中央党校中央和国家机关分校 2023 年春季学期
中国气象局党校处级干部进修班

要点：本文以习近平总书记关于中国参与全球科技治理的重要论述为指导，立足中国科协外事工作，在分析和梳理中国科协深入参与全球科技治理现状及问题的基础上，提出科协组织深度参与全球科技治理的四条建议：一是以规划促建设，推进在我国境内设立国际科技组织工作；二是以任职促治理，建设培养现代化国际组织人才队伍；三是以咨商促智库，强化联合国咨商核心成果咨政影响力；四是以共建促相通，打造"一带一路"国际科技组织合作平台。

党的十八大以来，习近平总书记多次强调中国要深度参与全球科技治理，并提出了一系列要求与举措。党的二十大报告中提到："要扩大国际科技交流合作，加强国际化科研环境建设，形成具有全球竞争力的开放创新生态。"近年来，中国科协发起、带动、引导广大民间科技团体主动参与国际科技治理的方式路径正在不断加强，但是面对错综复杂的国际形势，面对美国为首的西方国家脱钩断链、小院高墙的打压和围堵，面对国内人才梯队建设不完善，面对自身体制机制亟待改革，面对国际话语权争夺激烈等诸多问题，科协组织如何在新形势下深度参与国际科技治理，成为中国科协对外交流工作中的重中之重。

一、全球科技治理是习近平外交思想核心要义及精神实质的生动实践

（一）习近平外交思想核心要义及精神实质

习近平外交思想是习近平新时代中国特色社会主义思想的重要组成部分，是马克思主义基本原理同中国特色大国外交实践相结合的重大理论成果，是以习近平同志为核心的党中央治国理政思想在外交领域的集中体现，是新时代我国对外工作的根本遵循和行动指南。习近平总书记不断从中华优秀传统文化中汲取丰富营养，提出了新安全观、文明观、生态观、人权观、正确义利观等一系列进步理念、主张和倡议，

119

实现了对传统国际关系理论的扬弃和超越,日益得到国际社会的广泛支持与认同。习近平总书记全面拓展中国外交理论的战略视野,从中国和世界共同利益、全人类共同福祉出发,提出了构建人类命运共同体这一重要理念,这是回答和解决当今世界时代之问的中国方案,是推动和平与发展事业的人间正道,树立了新时代中国特色大国外交的思想旗帜。

坚持以维护党中央权威为统领加强党对对外工作的集中统一领导,是做好对外工作的根本保证。坚持以实现中华民族伟大复兴为使命推进中国特色大国外交,是新时代赋予对外工作的历史使命。坚持以维护世界和平、促进共同发展为宗旨推动构建人类命运共同体,是新时代对外工作的总目标。坚持以中国特色社会主义为根本增强战略自信,是新时代对外工作必须遵循的根本要求。坚持以共商共建共享为原则推动"一带一路"建设,是我国今后相当长时期对外开放和对外合作的总体规划,也是人类命运共同体理念的重要实践平台。坚持以相互尊重、合作共赢为基础走和平发展道路,是中国外交必须长期坚持的基本原则。坚持以深化外交布局为依托打造全球伙伴关系,是新时代中国外交的重要内涵。坚持以公平正义为理念引领全球治理体系改革,是新时代中国外交的重要努力方向。坚持以国家核心利益为底线维护国家主权、安全、发展利益,是对外工作的出发点和落脚点。坚持以对外工作优良传统和时代特征相结合为方向塑造中国外交独特风范,是中国外交的精神标识。这十个坚持充分体现了习近平外交思想的核心要义及精神实质。

(二)深度参与全球科技治理是中国的必然选择

新时代新征程,中国共产党正团结带领全国各族人民以中国式现代化全面推进中华民族伟大复兴。在这一过程中,只有把握好全球科技治理与自主创新的辩证统一关系,才能正确认识深度参与全球科技治理是中国自身发展要求和体现大国责任的必然选择,才能深刻领会习近平总书记强调的"发展科学技术必须具有全球视野""自主创新是开放环境下的创新"两个重要论述。

历史证明,科技革命和产业变革往往伴随着大国兴衰和国际竞争格局、治理格局的大调整,导致世界经济中心和科技创新中心的转移。世界科技创新中心首先是国际科技合作中心,虽然近年来出现了一些逆全球化的因素,但总的看来,科技合作是应对全球性问题的根本出路。人类共同面临全球变暖、环境恶化、食品安全缺陷、粮食和能源短缺、传染病蔓延等一系列传统的全球性问题,与此同时,数字经济、人工智能、基因编辑等新科技对全球科技治理提出新的挑战。这些挑战不可能依靠单一国家去应对,必须依靠整个人类社会共同努力。相关科学技术也不可能依靠单一国家去开发、独享,需要全球科技工作者加强交流合作,消除人为的科技合作壁垒,真正形成全球科技合作新格局,共同解决人类面临的全球性问题。由此可以看出,中国深度参与全球科技治理就显得极为必要。

（三）构建人类命运共同体是全球科技治理的指南

构建人类命运共同体，是习近平新时代中国特色社会主义思想特别是习近平外交思想的重要组成部分，是新时代中国特色大国外交的总目标。党的十八大以来，习近平总书记深刻把握人类社会历史经验和发展规律，从顺应历史潮流、增进人类福祉出发，创造性地提出推动构建人类命运共同体的倡议。习近平总书记特别强调："推动构建人类命运共同体，不是以一种制度代替另一种制度，不是以一种文明代替另一种文明，而是不同社会制度、不同意识形态、不同历史文化、不同发展水平的国家在国际事务中利益共生、权利共享、责任共担，形成共建美好世界的最大公约数。"

人类发展面临着许多共同的挑战，解决气候、环境、能源、健康等问题，从根本上需要依靠科学技术，需要各国科学家长期不懈地联合攻关，需要中国更加广泛深入地参与国际科技治理。构建人类命运共同体是人类未来社会发展的更高愿景，超越了世界各国之间的差异分歧，是凝聚发展共识、破解治理困境的具体行动指南。在新时期新形势下，应加强统筹谋划，以开放、团结、包容、平等的姿态开展合作，构建人才、技术、项目、平台等方面全方位、深层次的国际合作格局，为促进全球科技创新发展贡献中国智慧。

二、科协组织参与全球科技治理的现状及问题

中国科协深入贯彻落实习近平总书记重要讲话，按照党中央对新时代科技外交和群团改革的总要求，作为民间科技交流的引领者，积极融入国际科技治理与合作。近年来，围绕科协外事工作战略布局，中国科协积极打造国际化服务平台，深度参与全球科技治理，发挥民间科技交流合作的主渠道作用，把握科技发展的内在规律和世界科技创新竞争合作的规律，扎实做好国际科技交流相关工作，积极构建以我为主的国际科技交流平台。

（一）国际组织建设现状及问题

2022 年，国际氢能燃料电池协会和世界机器人合作组织经国务院批准成立，实现多年来在我国境内设立国际科技组织零的突破。多家国际组织审批程序正在有序推进。制定"十四五"期间国际科技组织建设领域规划，支持 20 余家全国学会等在关键科技领域培育发起一批国际科技组织，组织院士专家开展论证。协调北京市外办、北京市科协推动在京建设国际科技组织总部基地，为在京落地国际组织及其代表机构提供便利条件。发布《省级科协作为境外科技类非政府组织在华设立代表机构的业务主管单位名录（第一批）》的公告，支持省级科协对境外科技类非政府组织在当地依法开展活动提供便利和服务，给予政策指导，进行监督管理。

存在问题：目前在华新建国际科技组织是一项系统工程，涉及国务院及多部委工作职责，在华设立国际科技组织的重要意义已获得普遍认知和重视，但各部门和机构的职责定位、工作边界不够明确，难以形成在华新建国际科技组织的总体有利政策环境，个案推动程序缓慢，国际组织可持续发展问题亟待解决。

（二）国际组织履职人员服务现状及问题

近年来，中国科学家在国际科技组织任职人员快速增加，覆盖了医学、地球与行星科学、环境科学、工程学、生物化学遗传等多个学科领域。中国科学家在全球的科技地位与影响力进一步提升。截至2022年，科协所属全国学会中，共有150多家全国学会和国际组织中国委员会加入了国际组织。加入的国际组织分为三类，第一类是中国科协及全国学会加入的大型综合类、在国际上有突出影响力的国际组织，如国际科学理事会、世界工程组织联合会等；第二类是全国学会加入的组织结构完善、在本学科有较强影响力的国际科技组织，如国际工业与应用数学联合会、国际矿物学协会等；第三类是全国学会加入的一般性国际科技组织，如亚洲流体力学委员会、亚洲化学联合会等。在综合了解全国学会加入国际组织现状的基础上，进一步对全国学会科学家会员在国际组织中的任职情况开展摸底调查，初步掌握了当前我国科学家在国际组织中的任职全貌。

存在问题：一是科协系统在国际组织任职人员，尤其是领导层人员数量已达到较高数量水平，面临当前西方的打压局面，实现人数持续突破有一定难度；二是组织数量多，岗位空缺情况更迭频繁，需开展分级分层管理，充分调动全国学会等的工作主动性，提升工作能力水平；三是国际组织任职人员数量多，专业领域跨度大，对中国科协提出的经费支撑、人员支撑、智力支撑等需求较多，整体性提高科协外事工作群体和科学家群体对国际科技治理规则的了解和掌握需要多途径做工作。

（三）中国科协联合国咨商工作现状及问题

2022年，修订《中国科协联合国经济与社会理事会特别咨商工作管理办法（试行）》。扩大咨商工作覆盖领域，增设女科学家与性别平等团结、交通与可持续基础设施、开放科学与全球伙伴、科技伦理与负责任创新4个专委会，启动清洁能源与"双碳"目标等7个领域增设专委会可行性研究。组织专家参与联合国可持续发展各领域机制性会议13次，积极举办联合国大会边会及相关展览，向联合国教科文组织提交开放科学中国案例，向联合国妇女地位委员会第67次会议提交书面材料，积极推动女科技工作者专门委员会专家参加联合国第51届人权理事会大会，从多个专业领域向世界发出中国科学家声音。

存在问题：目前新增专委会数量较多，缺乏对咨商工作目标意义和工作定位，要引导各专委会加强联合国咨商工作目标及路径研究，切实围绕联合国可持续发展目标及有关问题，发挥工作主动性，围绕各自领域重点工作机制做工作。

（四）中国科协"一带一路"国际科技组织合作平台现状及问题

2022年，中国科协全面总结"一带一路"国际科技组织合作平台建设项目实施情况，项目成果报送发改委、中联部、科技部等相关部委。平台支持有条件的项目承担单位围绕重点领域培育成立区域科技组织（联盟）开展基础性工作，支持成立36家"一带一路"科技组织共建研究（培训）中心、5家国别（区域）科技问题研究中心。截至2022年10月，平台已吸引联合国工业发展组织等权威国际科技组织、巴基斯坦国家公共管理部等国别科技组织参与项目建设，培训来自巴基斯坦、马来西亚、印度、俄罗斯等国的外籍学员，资助开展双边、多边交流60次，举办国际会议20余场。

存在问题：自2016年"一带一路"平台建设项目实施以来，已积累了大量项目成果资源，但尚未得到充分利用。2023年是我国提出"一带一路"倡议十周年，应抓住契机，升级打造中国科协"一带一路"平台项目。

三、科协组织深度参与全球科技治理的建议

（一）以规划促建设，推进在我国境内设立国际科技组织工作

推动发起成立在华国际科技组织是贯彻落实新发展理念，深度参与全球科技治理，融入全球创新网络的重要途径。习近平总书记高度重视在我国境内发起成立国际科技组织的工作，提出了一系列要求和举措，为国际科技组织的发展指明了正确方向。科协系统应全面推动在我国境内发起设立国际科技组织有关工作，推动出台国际科技组织发展规划，促进国际科技组织审批管理程序优化与工作机制创新。持续支持全国学会及科学家群体在条件成熟的领域发起设立一批国际科技组织。开展国际科技组织合规管理体系建设，引导国际科技组织规范、有序、可持续发展，融入全球科技创新网络。征集科学计划（工程）项目选题，发布国际科学计划（工程）项目指南，支持我国科学家在国际科技组织框架下参与、发起国际科学计划（工程），在科学计划基础上发起成立国际科技组织。持续推动各地科协作为境外科技类非政府组织在华设立代表机构业务主管单位工作。

（二）以任职促治理，建设培养现代化国际组织人才队伍

为积极落实中央人才工作会议精神，着力解决我国在国际组织中人才数量不足、结构不均衡、影响力弱等突出问题，进一步扩大我国在国际科技组织中的话语权与影响力，深度参与全球科技治理，增强我国科学家、科技工作者综合竞争能力，中国科协应利用项目带人、资金带人等多种形式，推荐输送优秀科技人员到国际组织领导层任

职,牵头组建或多方参与国际组织专委会、工作组、秘书处等的工作。设立重要国际组织任职专家支持专项,全力保障中国在重要国际组织任职人员履职。组织动员社会有关力量,大力开展国际组织人才培养培训,做强科技类人才培训品牌,打磨培训课程,提升教材质量,稳定师资队伍,制定轮训计划。开展国际组织分级分层管理,做强中国科协加入国际组织的中委会秘书处,支撑任职专家参与国际组织事务。规范管理、压实责任,提升全国学会参与国际组织事务能力。

(三)以咨商促智库,强化联合国咨商核心成果咨政影响力

中国科协应积极发挥联合国特别咨商地位作用,围绕联合国可持续发展目标,在新兴技术、人权发展、粮食安全、数字经济等重要领域增设联合国咨商专委会。着力提升申办联合国边会的质量,主动参与全球科技治理。切实加强各领域联合国咨商工作目标与路径研究,找准工作着力点,对接联合国重要多边科技治理平台和工作机制,持续深化咨政建言。充分运用咨商工作成果,加大对内对外宣传力度,有效传播中国科协联合国咨商工作好声音,促进可持续发展目标共同价值实现的国际国内循环,进一步扩大咨商工作的国内外传播影响,服务科学家在国际舞台上发出更强声音。

(四)以共建促相通,打造"一带一路"国际科技组织合作平台

中国科协"一带一路"工作应继续以科技工作者为主体,以民间科技人文交流为重点,以民心相通促政策沟通、设施联通、贸易畅通、资金融通,增添共同发展新动能,维护国际公平正义,倡导践行真正的多边主义,推动构建新型国际关系,践行人类命运共同体倡议。应充分发挥群团组织优势,团结凝聚广大科技工作者,与"一带一路"共建国家科技组织携手合作,拓展科技创新全球网络,营造科技交流合作的良好环境,为国际社会提供深受欢迎的国际公共产品和国际合作平台,推动共建"一带一路"高质量发展。以"一带一路"发展倡议十周年为契机,整合优势项目资源,聚焦开放科学、绿色低碳、数字合作等重点领域科技人文交流,大力支持境外项目实施,探索与上合组织、澜湄合作机制、金砖国家合作机制、东盟等国际和区域合作机制积极联动,与共建国家科技组织合作发起区域合作网络、科学计划、重大议题等,发展"一带一路"亲华友好朋友圈,形成一批标志性成果,为共建"一带一路"高质量发展做出新贡献。

气象人才队伍

局校合作向"新"拓展:合力培养高水平气象人才

杨定宇　张明菊　温　博　杨　蕾　蒋　星

中共中国气象局党校第18期中青年干部培训班专题研究小组

要点:本文从局校合作助推高水平气象人才这一角度切入,在调查问卷、专题访谈的基础上,结合业务实践,深入思考,提出了通过局校合作助推高水平气象人才的三大举措:一是打通部门壁垒,推动高水平气象人才的协同培养;二是科技创新引领,加大跨学科复合型人才培养;三是强化政策支持,引育留用激活人才蓄水池。

《纲要》对人才问题高度重视,辟专章重点部署,要求"加强气象高层次人才队伍建设,……要深化气象人才体制机制改革创新,进一步加强对气象高层次人才的吸引和集聚",要求"加强大气科学领域学科专业建设和拔尖学生培养。鼓励和引导高校设置气象类专业,扩大招生规模,优化专业结构,加强气象跨学科人才培养,促进气象基础学科和应用学科交叉融合,形成高水平气象人才培养体系"。如此具体的政策部署在国务院所发有关人才工作的文件中并不多见。落实《纲要》要求,特别是培养一批高水平的气象人才,离不开高等院校的人才培养和科技创新支撑作用。本文在政策调研、问卷调查、专题访谈的基础上,全面分析中国气象局在局校合作过程中面临的困难和不足,深入研究提升局校合作效果的路径和方法,重点从助推高水平气象人才培养这一视角提出对策建议。

一、高校人才培养急需紧扣气象高质量发展

(一)气象部门人才招聘无法按计划完成

调研2018—2020年气象部门用人单位的招聘情况发现,全国气象部门用人单位仅有21.3%能完成年度招聘计划,有32.76%的单位通过调整计划完成招聘,剩余接近一半的用人单位无法完成招聘计划,人才供给缺口较大是气象部门人才招聘中的突出问题。同期,全国高等院校大气科学类专业毕业生共计11326人,进入气象部门工作的共计3484人,占比仅为30.8%,这一比例在博士毕业生中比例更小,不足30%。调研还发现,大气科学类生源不足、签约流失率高、本地生源供给不足、艰苦基层岗位吸引力不足等是气象部门未完成招聘计划的主要原因。

（二）新入职员工的职业素养需要进一步加强

调研 2020—2022 年气象部门新进毕业生的情况发现，近年来新入职的毕业生在掌握业务技能速度（56.86％）、专业基础（53.26％）、计算机能力（50.73％）等方面有了明显提升，适应气象领域技术发展的自主学习能力有所增强。但调研同时也发现，新入职毕业生在严谨程度（12.83％）、吃苦耐劳精神（14.11％）、钻研精神（16.91％）等方面存在短板，这表明仍有必要进一步增强学生的职业素养，培育学生的高尚情操。

（三）气象部门急需信息技术类专业人才

调研用人单位所需要的专业人才发现，气象部门用人单位对信息技术类人才（80.03％）的需求非常旺盛，其次为预报或天气动力类（77.5％）。调研显示，随着信息技术变革与气象业务各个领域的深刻影响，传统教育培养的单一气象学科专业人才已不能适应快速发展和变革的气象高质量发展需求，进一步优化高校的学科专业构成、加强跨学科人才的培养迫在眉睫。此外，面向全球化国际化的业务需求，既通晓国际规则又具备气象学科背景的复合型国际化人才也是气象部门急需的人才。

（四）毕业生择业诉求值得用人单位关注

调研高校气象类学生择业时重点关注因素发现，气象类专业学生总体较为热爱气象事业，愿意从事科研或业务工作，但受待遇等因素影响可能会选择其他职业。调研显示，工资福利（85.13％）、工作生活环境（74.68％）、工作稳定性（74.54％）是气象专业学生最为关注的择业诉求。由此可见，气象类专业学生的择业选择较为关注自身工作的环境与自我价值的实现，这也值得用人单位在吸引和培育人才时重点参考。

（五）局校科研合作缺乏统筹牵引和可持续性

调研发现，局校科研合作更多是研究人员或团队间自发的合作，缺乏统筹牵引和可持续性。此外，由于缺乏稳定的经费和人员支持，共建平台在协同创新、学科建设、教师培养、人才培育、成果转化等方面作用不明显。因此，局校科研合作未能有效发挥双方的人才和资源优势，科研合力有待进一步整合。调研高校教师对局校合作过程存在的短板发现，缺少稳定的经费支持（36.11％）、合作渠道不畅通（34.72％）是影响高校教师与气象部门开展长期科研合作最主要的障碍。

二、局校合作如何助推高水平气象人才培养

（一）打通部门壁垒，推动高水平气象人才的协同培养

《纲要》要求加强高层次气象人才培养，全面提升人才的素质和能力，这就需要气

象部门、高校、科研院所共同发力,确保气象人才培养全链条的各个环节畅通无碍。

第一,要加强气象部门与高校的合作办学。气象部门要与高校共同推动气象工程硕士与工程博士教育,共建硕士点、博士点和博士后工作站,全面提升学科的专业化水平。机关党委(巡视办)、宣传科普中心(报社)等管理和业务部门要联合高校开展气象文化宣传和教育,加强大学生对气象行业的认同感和服务气象事业的责任感、使命感和荣誉感教育。

第二,要把人才引进与高校培养有机结合。要因地制宜培养人才,实施"一省一校"的气象类专业设置方案,要支持高校面向气象人才紧缺地区(中西部、少数民族地区)扩大定向生招生计划,要引导地方气象部门实施《气象部门人员招录专业目录》,推进各相关领域专业毕业生进入气象部门就业。

第三,要推动产教融合协同发展。气象部门要通过开展高校师资培训班、多渠道调研合作等方式鼓励高校主动对接行业需求,积极调整人才培养方案,将气象国家标准、行业标准纳入气象专业教育教学内容。各省气象部门要主动对接高校,与高校共同研发更有针对性的业务实践课程,面向高校学生开展常态化业务实训。

(二)科技创新引领,加大跨学科复合型人才培养

《纲要》强调,要"加强气象跨学科人才培养,促进气象基础学科和应用学科交叉融合,形成高水平气象人才培养体系"。这就需要气象部门和高校以科技创新为引领,发挥各自优势,形成"1+1>2"的叠加效应。

第一,要构建"气象+"学科交叉人才培养模式。各级气象部门要主动对接和作为,协助高校完善和优化课程设置,面向高校大气科学类专业学生,有针对性地开设计算机、电子信息等相关辅修课程,促进气象基础学科和应用学科交叉融合,着力强化创新型、复合型、应用型气象人才培养。要健全局校创新团队联合申报国家自然科学基金、国家重点研发计划、气象联合基金等科研课题的政策支持机制,吸纳高校科研骨干进入中国气象局创新团队,支持气象部门和高校构建跨学科、跨部门、互利共赢的科研合作态势。

第二,要优势互补推动国际化人才的培养。要发挥高校在外国语、经管学科、气象学科、基础研究等方面的优势,辅以中国气象局在政策理论、前沿技术、世界气象组织现行工作体系和工作规则等方面的强项,持续推进局校专业人才参加 WMO 组织派驻、"一带一路"国际气象合作、国际学术会议等国际交流活动,构建局校联合国际化师资队伍。高校和气象部门应联合申报教育部"高层次国际化人才培养创新实践基地"等国家级人才培养平台,联合申报国家和省级外国专家局的联合引智项目,联合开展中外合作等办学项目,共同打通国际化人才培养的渠道。

（三）强化政策支持，引育留用激活人才蓄水池

《纲要》强调，要"要深化气象人才体制机制改革创新，进一步加强对气象高层次人才的吸引和集聚"。这就需要气象部门和高校共同发力，在政策激励、制度保障上加大力度、下大功夫。

第一，要构建局校合作战略协调机制。气象部门要设立负责推进局校合作的交流协调机构，通过定期或不定期召开局校合作工作会保持战略沟通，及时解决局校合作中遇到的困难和问题，确保局校合作的可持续推进。气象部门要探索与战略合作高校设立中国气象局直管科研机构的可行性。

第二，要共建共享气象高水平人才队伍。气象部门业务、科研和管理骨干要积极参与高校教学工作，高校专业人才要通过参加培训、挂职、借调、高级访问学者等方式赴气象局科研业务单位交流。要以南京信息工程大学、成都信息工程大学等重点高校为试点，探索高校教师参与中国气象局高级职称评审、人才计划、教学团队、科研团队评选的工作机制与办法。要建设局校合作人才信息管理系统，共享局校双方科研人才信息，为持续拓展局校合作提供人才数据支撑。

第三，要发挥各自优势加强资源的融合共通。要提供政策和经费支持，支持气象部门和高校因地制宜共建特色产业技术研究院、野外观测基地等联合培养平台，支持局校通过联合申报国家级课题、互设开放课题等方式共建共享重点领域的科研平台。要加强局校信息和资源互联互通，研究气象数据共享机制，研究建立战略合作高校与中国气象局内部办公系统联通可行性，助力气象科技创新与人才培养。

夯实人才强国之基，推进气象教育培训高质量发展

于玉斌　叶梦妹

中国气象局气象干部培训学院（中共中国气象局党校）

要点：党的二十大报告对"实施科教兴国战略，强化现代化建设人才支撑"统筹部署，一体化推进教育、科技、人才工作。本文聚焦"现代化建设人才支撑"主题，阐述一体化推进教育、科技、人才工作的重要意义和深刻内涵，并基于上述理论研究从办学定位、体系建设、机制优化、能力提升等四个维度提出气象干部培训学院在实现气象高质量发展中更好发挥作用的若干思考和建议。

习近平总书记在党的二十大报告中提出"实施科教兴国战略，强化现代化建设人才支撑"，强调"教育、科技、人才是全面建设社会主义现代化国家的基础性、战略性支撑。必须坚持科技是第一生产力、人才是第一资源、创新是第一动力，深入实施科教兴国战略、人才强国战略、创新驱动发展战略"。要深刻理解习近平总书记重要讲话和党中央作出这一重大决定的深刻内涵，立足气象教育培训事业，全面保障新时代气象事业高质量发展。

一、全面学习贯彻党中央关于教育科技人才的总体部署

党的二十大报告用一整篇章专门对教育、科技、人才工作作出系统部署，是坚持"一个原则"、贯彻"两个判断"、落实"三大战略"、推进"三个目标"的具体体现和重要举措。

（一）对教育科技人才工作一体化统筹，是坚持系统观念的突出体现

坚持系统观念是习近平新时代中国特色社会主义思想的世界观和方法论之一。中国特色社会主义事业各领域之间相互联系、相互制约，党的二十大报告将教育、科技、人才集中论述，是对习近平总书记坚持系统观念原则的集中贯彻，具体体现在三个方面。一是基于对教育、科技、人才三者重要内涵的系统性理解。教育是人类文明传续的载体，是建成世界强国的坚实地基；科技是人类进步的阶梯，科技实力决定各国各民族前途命运；人才是人类社会发展的标志，谁拥有一流的人才资源，谁就拥有发展的未来优势和主导权。二是基于对教育、科技、人才之间有机联系的系统性认

识。高质量教育体系是高精尖科技力量持续发展的重要保障,是高素质人才队伍持续造就的重要基础,同时高水平的科技发展体系、充满活力的人才队伍,又能极大激发教育的高质量发展,三者相互作用又相互促进,是一个有机整体。三是基于教育、科技、人才三者对全面建设社会主义现代化国家重要作用的系统性判断。党的十八大以来,党和国家事业取得历史性成就、发生历史性变革的实践证明,全面建设社会主义现代化国家、实现高质量发展,教育是基础、科技是关键、人才是根本,教育、科技和人才共同构成基础性、战略性支撑,只有三者协同配合、系统集成,才能共同塑造发展的新动能新优势。

（二）对教育科技人才工作一体化统筹,是对国内外形势正确判断的具体体现

党的二十大报告集中展现了中国共产党一脉相承又与时俱进的历史自觉精神、历史主动精神和历史创造精神,在深入分析国内国际形势,形成对内对外两个重要判断的基础上,对教育、科技、人才进行了系统部署,是世界之变、时代之变、历史之变背景下的中国智慧、中国方案、中国力量,奠定了新时代中国共产党宣言书的智慧和动力之源。中国正日益走近世界舞台中央,一方面,我们要实现中华民族伟大复兴。中国加快推进科技自立自强,全社会研发经费支出居世界第二位,研发人员总量居世界首位,基础研究和原始创新不断加强,一些关键核心技术实现突破。要走出一条中国式现代化道路,必须发扬尊师重教传统,发展科技创新力量,发挥人才大国优势,激发创新型国家内驱力。另一方面,世界百年未有之大变局加速演进。在两次世界大战结束、新的世界秩序建立70余年之后,国际形势日趋严峻复杂,各类风险挑战接踵而至,世界进入新的动荡变革期,新一轮科技革命和产业变革深入发展,国际力量对比深刻调整,要抓住新的战略机遇,必须要做实教育"压舱石",把握科技"发动机",抓牢人才"牛鼻子",进一步提高中国国际地位和影响力,在全球治理中发挥更大作用。

（三）对教育科技人才工作一体化统筹,是实施创新驱动发展等三大战略的集中体现

在党的二十大报告中,"创新"是最热的高频词之一。习近平总书记强调,贯彻新发展理念是新时代我国发展壮大的必由之路。系统部署教育、科技、人才,是坚持创新为第一动力、坚守创新在我国现代化建设全局中的核心地位、坚定落实创新驱动发展等三大战略的具体体现。第一是科教兴国战略。邓小平同志指出,科学技术是第一生产力,我们国家要赶上世界先进水平,必须要从科学和教育着手。科教兴国战略提出近30年来,坚持教育为本,把科技和教育摆在经济、社会发展的重要位置,国家科技实力及生产力大幅度提升,全民族科技文化素质持续提高。第二是人才强国战

略。国家兴盛,人才为本,21世纪以来,党中央不断强化人才工作部署,将人才强国战略纳入经济社会发展的总体规划布局。从党的十八大开始,作为发展中国特色社会主义基本战略写入党章,不断深化人才发展体制机制改革。人才资源作为关系国家竞争力强弱的基础性、核心性、战略性资源,其重要性日益凸显。第三是创新驱动发展战略。党的十八大明确提出,必须把科技创新摆在国家发展全局的核心位置,坚持走中国特色自主创新道路,实施创新驱动发展战略。创新驱动发展战略是新时代对科教兴国战略、人才强国战略的进一步发展,三者既一以贯之又一脉相承,充分体现了教育、科技、人才作为事关现代化建设高质量发展的关键问题,需要高度重视、长期坚持、久久为功。

(四)对教育科技人才工作一体化统筹,是整体推进"三个强国"目标的重要举措

党的十八大以来,我国建成了世界上规模最大的教育体系,国家创新能力综合排名显著提升,全国人才资源总量居世界首位,教育、科技和人才工作站在了一个新的历史起点上,在从教育、科技、人才"三个大国"向"三个强国"目标迈进的新征程上,必须要将教育、科技、人才三大根本要素统筹考虑、系统部署。一是建成"教育强国",全面提高人才自主培养质量,建设人民满意的高质量教育体系,需要胸怀"国之大者"、谋划国之大计,统筹高等教育与继续教育协同创新,推进科教融汇,加强基础学科、新兴学科、交叉学科建设,全面把握人的全面发展新需求,为实现中国式现代化提供深厚基础。二是建成"科技强国",优化国家科研机构,强化国家战略科技力量,需要面向国之所需打造国之重器,优化配置创新资源,提升国家创新体系整体效能,形成具有全球竞争力的开放创新生态,为实现中国式现代化提供不竭动力。三是建成"人才强国",对标国家和民族长远发展大计,建设国家战略人才力量,需要弘扬爱党报国精神,培育国之栋梁,努力培养造就更多大师、战略科学家、一流科技领军人才和创新团队、青年科技人才、卓越工程师,把各方面优秀人才集聚到党和人民的事业中来,完善人才战略布局,为实现中国式现代化提供坚实保障。

二、立足教育培训事业,全面保障新时代气象高质量发展

为更好地服务新时代气象事业高质量发展,我们要把思想和行动统一到党的二十大精神上来,心怀"国之大者",立足气象教育培训事业,主动服务气象领域国家重大战略需求,助力高水平科技自立自强,全面提高人才自主培养质量,推动优化创新驱动发展机制,全面保障新时代气象高质量发展。

（一）立足"教研咨一体化"办学定位,全面支撑气象科技自立自强自主创新发展

科技创新,国之利器。干部学院作为国家级气象干部和高层次专业技术人才培训基地,是气象科技创新的重要推进器,要结合教学、科研、咨询三位一体的办学定位,自觉履行服务高水平气象科技自立自强的使命担当。一是以组织需求为导向,不断完善分层分类培训课程体系。面向国家战略需求、世界科技前沿、业务最新进展优化课程设计,开发培育创新文化、弘扬科学家精神等方面的课程,营造创新氛围,创新国际培训方式方法,扩大气象国际交流范围和影响力。二是以战略需求为导向,深入开展教学研究和科学研究。坚持与高等教育相衔接、与业务实践相衔接、与科技发展前沿相衔接,发挥干部学院学科交叉融合的优势,统筹设计学院项目、积极申请省部级项目、努力争取国家级项目,开展有目标、有组织的学术研究,开展与业务相关的探索性研究,提高应用技术研究、跨学科研究、软科学研究水平,强化成果推广应用。三是以气象事业发展需求为导向,大力强化科技信息咨询和决策咨询。跟踪科技前沿动态进展,深入开展科研机构和科技成果分析评估,深入开展气象科技史和文化遗产研究,凝练气象科技内在发展和外在服务经济社会的规律,以史为鉴、总结经验、获得启示。

（二）立足统筹气象教育培训体系,全面保障气象国家战略人才力量建设

千秋基业,人才为本。要实现高质量可持续发展,必须建设一支规模宏大、结构合理、素质优良的人才队伍。干部学院是气象人才持续成长的主渠道主阵地,对标对表新时代国家对科技人才的要求,助力加快建设世界重要人才中心和创新高地,形成人才国际竞争的比较优势。一是不断优化培训班型体系,培养急需紧缺人才。聚焦气象科技发展核心关键领域和"卡脖子"技术,为做强做大"四大支柱",在地球系统数值模式、重大气象设备、风云气象卫星等领域,开展专项研究、专门设计、专题培训,搭建急需紧缺人才培养快车道。二是大力推进学科融合创新,培养跨学科复合型人才。构建以学科群为基本教研单位的人才培养模式,促进大气科学与数学、物理等基础科学的融合,与环境学、经济学、医学等应用科学的融合,与信息技术、人工智能等新兴技术的融合,与社会学、历史学、教育学等人文科学的融合,全面提升培养创新复合型人才能力。三是面向紧扣全球气象,强化培训策划能力,着力培养国际化人才。围绕提升全球气象业务、积极参与全球治理、建成国际气象人才高地的目标,从定位、内容、形式等方面全面加强与之匹配的培训核心能力建设,助力培养具有全球视野、国际水平、世界影响力的国际化人才。

（三）立足优化气象教育培训机制，全面激发气象领域创新驱动发展内在动能

创造力和创新力是世界强国的基本素质，要实现2035年进入创新型国家前列的目标，就要开辟发展新领域新赛道，不断塑造发展新动能新优势。干部学院是科技和人才驱动发展的动力结合点，是各创新资源和要素整合协同的传动中枢，要着力提升气象创新体系整体效能，形成具有全球竞争力的开放式气象科技创新生态。一要实现资源融合创新，气象事业作为科技型、基础性、先导性社会公益事业，在学习型社会、学习型大国建设中应争做榜样标杆，进一步联合高校、科研院所、相关行业部委及社会机构，在气象核心技术研发重点领域，强化教育资源共建共享，推进知识流动分享创新。二要实现平台融合创新，在气象防灾减灾、全球气候治理、气象科技史与文化遗产、气象高层次人才培养等重点领域，打造有影响力的国家级气象科技交流平台，围绕重点岗位，打造国家级业务技术和领导干部实习实训平台，通过开放式、启发式的教学设计，打造业务技术试点示范及推广平台。三要实现成果融合创新，发挥新型举国体制优势，集中力量推进高校的科技成果在业务单位转化，推进制约业务发展的问题成为科研命题，并在教学中广泛探讨、广为传播，促进科技成果的双向互通，推动业务成果、科技成果、管理创新循环转化。

（四）立足提升教育培训核心能力，全面推进气象教育培训现代化建设

百年大计，教育为本。人才强国、科技强国，必然是教育强国，科技支撑、人才支撑，核心是教育支撑。党的二十大报告首次宣告要实现中国式现代化，如何站在中国式现代化建设的历史征程中，主动思考、积极探索气象现代化建设以及气象培训现代化建设问题，是当今以及今后一段时期内需要重点思考的问题。气象教育培训现代化，应当是对气象业务高质量发展支撑有力的现代化，是对气象科技创新成果推广充分的现代化，是对各级领导干部和专业技术人员覆盖精准全面的现代化，是面向高校、行业和社会开放的现代化。要跳出教育看教育、立足全局看教育、放眼长远看教育，重点思考好三个核心问题。一是培养什么人的问题，气象教育培训培养的是党的气象事业的建设者和接班人，必须坚持正确政治方向，在事业发展前提下实现人的发展，为气象事业输送更多堪当大任的时代新人。二是如何培养人的问题，要以立德为根本，树人为核心，以德育人、以文化人，守牢局党校思想政治阵地，持续不断培养一代又一代的气象干部和科技工作者。三是为谁培养人的问题，要坚持为党育人、为国育才，气象继续教育的发展方向要同气象事业高质量发展的目标和方向紧密联系在一起，把发展科技第一生产力、培养人才第一资源、增强创新第一动力更好结合起来，

在新征程中贡献教育力量。

回首过去,党的十八大以来的新时代十年,是气象人才综合素质大幅度提升的十年,是气象教育培训发展实现内涵式发展的十年。面向未来,党的二十大为新时代气象教育、科技和人才工作指明了前进方向,气象教育培训工作必将大有可为、大有作为。干部学院将在党中央和局党组的坚强领导下,继续以昂扬向上的精神状态、积极进取的奋斗姿态、自立自强的发展步态,吹响气象教育培训高质量发展的号角,踔厉奋发担使命,勇毅前行谋发展,激励担当精神,增强斗争本领,埋头实干奋进,在社会主义现代化强国建设、中华民族伟大复兴的新征程中,书写更加光辉灿烂的时代华章。

习近平运用中华优秀传统文化创新
丰富干部教育培训内涵[1]

何　桢　成秀虎

中国气象局气象干部培训学院（中共中国气象局党校）

要点：本文深入理解"马克思主义基本原理同中华优秀传统文化相结合"的深刻含义，重点研究了习近平如何运用中华优秀传统文化来创新和丰富干部教育培训的内涵，具体包括：第一，修身养德，加强干部的思想道德教育；第二，以民为本，坚定干部为人民服务的宗旨；第三，清廉勤政，发挥干部率先垂范作用；第四，知人善任，树立干部科学的人才观；第五，弘扬民族精神，坚定干部的理想信念。

党的二十大报告指出，"坚持和发展马克思主义，必须同中华优秀传统文化相结合。只有植根本国、本民族历史文化沃土，马克思主义真理之树才能根深叶茂"。习近平总书记多次强调要善于从中华优秀传统文化中汲取智慧，他充分传承、弘扬和运用了中华优秀传统文化的思想观念和价值取向，成功地将中华优秀传统文化的精华与社会主义核心价值观的精髓进行了完美结合，成为新时代领导干部把马克思主义思想精髓同中华优秀传统文化精华贯通契合起来的榜样和典范。他多次强调，要"多读优秀传统文化书籍""吸收前人在修身处事、治国理政等方面的智慧和经验，养浩然之气，塑高尚人格，不断提高人文素养和精神境界"。把中华优秀传统文化提高到对全体党员干部树立世界观、人生观、价值观教育的高度，这在我们党的历史上是第一次。实践证明，各级各类干部认真学习中华优秀传统文化，深入领会和汲取其中的思想精华，有助于提高干部思想道德素养，从优秀传统文化中学会修身正己，慎重行使权力，增强工作本领。

一、修身养德，加强干部的思想道德教育

修身，是指修身养性，养德，是修身的基础，是立身之本、从政之要。"修身、齐家、治国、平天下"，古代先贤认为，道德问题是做人为官的首要问题。传统修身观对中国

---

[1] 本文得到中国气象局气象干部培训学院重点项目"习近平干部教育理论与中国优秀传统文化"的支持。研究指导：王志强

共产党的建党思想产生了重要影响,对修身观的发展集中体现在对党性问题的强调上。"为政以德,正己修身"是习近平总书记所肯定的中国古代治国理政经验和原则之一,他指出,"面对纷繁复杂的社会现实,党员干部特别是领导干部务必把加强道德修养作为十分重要的人生必修课"。

习近平总书记在作风建设的讲话中关于"三严三实"的要求,把"严以修身"放在首位。他引用"修其心,治其身,而后可以为政于天下""安天下,必须先正其身"等来强调干部修身。可以说"严以修身"是做人之本、立世之基,是党员干部为官从政的前提和基础,直接影响干部的用权和律己。如何"修身养德",他指出要"吾日三省吾身",强调反躬自省、自我批评,要"心存敬畏,手握戒尺",强调要遵纪守法、不碰底线,要"慎权、慎独、慎微、慎友""祸莫大于不知足,咎莫大于欲得",强调防微杜渐,管住欲望。可以说习近平总书记为干部修身养德,既标注了认识论,又标注了方法论,为干部立德、立言、立行指明了具体方向。干部要多读优秀传统文化典籍,主动接收优秀传统文化熏陶,加强党性修养,坚定理想信念,提高道德境界。

二、以民为本,坚定干部为人民服务的宗旨

以民为本,主张一个国家的根本和基础是人民,这是中国传统道德文化的精华,也是中国传统政治思想的核心。孟子提到"民为贵,社稷次之,君为轻",《尚书》主张"民为邦本,本固邦宁",《横渠语录》讲"为天地立心,为生民立命",这些都是传统民本思想。但由于封建君主专制社会性质的局限,始终没能形成系统的民权理论。中国共产党借鉴并超越了传统民本思想,继承并发展了马克思主义的群众观点,确立了全心全意为人民服务的宗旨,人民立场是中国共产党的根本政治立场,"立党为公、执政为民"是当代的民本思想。

在习近平总书记执政以来的历次讲话中,"人民"成为高频词。在纪念孔子诞辰的学术研讨会上,他高度评价了中国优秀传统道德文化对中华民族所带来的作用,重点谈到"以民为本、安民富民乐民"。习近平总书记始终将人民作为中国共产党治国理政的核心价值。在强调人民的重要性时,他提到"人视水见形、视民知治不",告诫在工作中要让群众参与、受群众监督、请群众评判,才能真正回答好"依靠谁、为了谁"的问题。党的十九届六中全会通过的《中共中央关于党的百年奋斗重大成就和历史经验的决议》的"十大坚持",强调了"坚持人民至上""党的根基在人民、血脉在人民、力量在人民,人民是党执政兴国的最大底气"。党的二十大再次强调,必须"坚持人民至上",推进"实现全体人民共同富裕"的中国式现代化。切实关注人民的切身利益,把人民作为一切工作的出发点,这是对"以民为本"思想的继承和发扬。干部要坚持"为人民服务"的宗旨,把全心全意为人民服务作为干部的最高道德标准,在为民服务上做表率,同群众同甘共苦,坚持权为民所用、情为民所系、利为民所谋。

三、清廉勤政,发挥干部率先垂范作用

清廉,清正廉洁,勤政,恪尽职守,勤于政事。清廉勤政是干部为官基本的道德规范和行为准则。习近平总书记认为,"做共产党的'官',就是要全心全意为人民服务,注定是不能发财的。因此干部用权讲官德,就必须做廉洁奉公的表率"。在《之江新语》之"多读书,修政德"中他引用"为政以德,譬如北辰,居其所而众星共之"来强调"德"不仅是立身之本,也是立国之基,干部要常修为政之德,更要自觉做到为政以德。

他用"打铁还需自身硬"来强调干部在工作和生活中需以身作则、率先垂范。为了让干部树立正确的权力观,他提出把权力关进制度的笼子,引用"公生明,廉生威"来强调干部要正确处理公与私的关系,这对国家兴亡,对干部的威信和号召力极其重要。重视作风建设,他引用"廉不言贫,勤不道苦"提醒干部为官要勤、廉,公,"干部清正""政府清廉""政治清明"是中国共产党提出的政治建设新目标。"空谈误国,实干兴邦"被反复强调,"功崇惟志,业广惟勤""苟利国家生死以,岂因祸福避趋之""耳闻之不如目见之,目见之不如足践之"提醒干部要勤勉务实,发扬干部钉钉子精神。干部要心存敬畏、严格自律,树立正确的权力观,加强行政道德建设,增强责任意识,处理好权力与责任、权利与义务的关系,以身作则、率先垂范,发挥表率和带动作用。

四、知人善任,树立干部科学的人才观

知人善任,涵盖了识别人才、举荐人才、尊重人才和培养人才等方面。"尚贤者,政之本也""为政之要,莫先于用人",习近平总书记在全国组织工作会议等诸多会议中引用过这两句名言,体现出在治国理政中选人用人的重要性。中国共产党历来高度重视选贤任能,始终把选人用人作为关系党和人民事业的关键性、根本性问题来抓。习近平总书记在欧美同学会成立 100 周年庆祝大会上指出,"'致天下之治者在人才',实现中国梦,关键在人才"。

他引用"我劝天公重抖擞,不拘一格降人才"来阐述如何选拔人才。他提出"要择天下英才而用之""要在全社会大兴识才、爱才、敬才、用才之风",指导各级干部要建立科学有效的选人用人机制,真正做到爱护人才和用好人才,树立正确的选人用人导向。他引用"试玉要烧三日满,辨材须待七年期"来强调考察干部要多渠道、多层次、多侧面深入了解。"骏马能历险,力田不如牛。坚车能载重,渡河不如舟"告诫干部,要合理使用人才,用当其实、用其所长。干部要树立正确的用人导向,选贤任能、知人善用,重视德才兼备的人才队伍建设,是调动人才积极性、激发人才创造力,为推动高质量发展,建设现代化强国提供人才和智力支持的有力保障。

五、弘扬民族精神,坚定干部的理想信念

中华民族的民族精神是指"中华民族在几千年的发展中形成的,随着民族历史文化不断发展提升的,被普遍认同并且不断产生广泛积极影响的基本价值观与行为准则"。弘扬民族精神,包含了对爱国主义为核心的团结统一、勤劳勇敢、自强不息精神的弘扬。五千多年的中华民族文明史,培育了中华儿女共同坚守的理想信念,在价值认同中构建出中国人独有的家国情怀。理想信念是一个民族和国家团结奋进的精神旗帜,中国共产党人精神上的"钙",是维系中华民族团结统一的精神纽带。习近平总书记在倡导干部弘扬民族精神、坚定理想信念时,强调要突出志向、意志、信念、毅力等精神力量对新时代干部的思想建设的重要作用。

当前多元思想相互激荡,物质诱惑的考验冲击着干部的自律防线,理想信念是否坚定,是评判干部是否合格的第一标准。他引用"富贵不能淫,贫贱不能移,威武不能屈"来强调干部应具备的自我坚守,用"苟利国家生死以,岂因祸福避趋之"来阐释干部应具备的爱国情怀,用"千磨万击还坚劲,任尔东西南北风"来倡导干部应具备的政治定力。发扬和践行民族精神,在中华民族伟大复兴道路上坚持道路自信、理论自信、制度自信、文化自信,干部要努力成为坚定理想信念的先锋模范,明辨大是大非,有定力、有航标,为推动民族发展繁荣、引领新时代攻坚克难发挥作用。

党的二十大提出了开辟马克思主义中国化时代化新境界的号召,习近平总书记在党的二十大召开后的中共中央政治局第一次集体学习时对学习宣传贯彻党的二十大精神作出全面部署,要求各级党校(行政学院)要把学习贯彻党的二十大精神作为干部培训的主要内容。在今后开展的干部教育培训中加大中华优秀传统文化的学习和精华的汲取必然是重要内容之一。

开展中华优秀传统文化学习过程中,要传承文化基因,坚定文化自信,坚持把马克思主义基本原理与中华优秀传统文化相结合,在全党全社会产生示范效应,最终实现优秀传统文化传承、创造性转化和创新性发展。对各级气象干部而言,要结合个人文化基础和工作实际,多读书、读好书,有针对性地阅读中华优秀传统文化经典;要以科学的方法读出经典真谛,做到阅读精益求精、持之以恒,掌握精髓要义,触类旁通,逐步拓展。对党校和干部学院而言,要使之成为宣传、弘扬和发展中华优秀传统文化的阵地,不断挖掘文化内涵、打造精品课程、创新培训方式,使干部更加深刻理解"两个结合"的重要意义,理解习近平总书记创造性运用中华优秀传统文化的思想实质,为干部系统学习中华优秀传统文化提供学习、感悟、交流、应用的平台。

欧洲中期天气预报中心人才战略及启示[1]

于玉斌　叶梦姝　刘怀玉　何桢　周迪

中国气象局气象干部培训学院（中共中国气象局党校）

要点：本文回顾了欧洲中期天气预报中心成立 40 余年来人才队伍发展历程，梳理了欧洲中期天气预报中心的战略定位、机构设置、组织规模、人才机构、招聘措施，从中挖掘其人才发展战略的亮点、重点和着力点，并对中国地球系统数值预报领域如何加快建设一支高水平的人才队伍提出四个需要重点思考的关系以及四个着重需要建设的内容，为我国加快建设地球系统数值预报领域的人才队伍提供启示。

党的二十大报告强调"加快建设世界重要人才中心和创新高地，促进人才区域合理布局和协调发展，着力形成人才国际竞争的比较优势"。《纲要》也明确提出，"加强地球系统数值预报核心技术攻关""建设国际一流的数值预报人才高地"。对标党和国家对气象事业发展的要求，迫切需要加速和大力推动地球系统数值预报模式领域的人才队伍建设，这既是贯彻落实习近平总书记关于气象工作重要指示精神的重要举措，也是实现气象高质量发展的必然要求。欧洲中期天气预报中心（ECMWF，简称"欧洲中心"）是欧盟在地球科学领域重要的科技联合体，是全球中期数值天气预报的佼佼者，梳理分析欧洲中心人才发展情况及人才战略重点，对于我国建设地球系统数值预报模式领域高水平人才队伍具有重要的参考价值。

一、欧洲中心人才队伍发展情况

（一）"引领全球"的战略定位

欧洲中心成立于 1975 年，核心职责是聚集欧洲气象资源、生产准确的天气预报和气候数据。2005 年，欧洲中心对其公约进行了重要修订，对机构定位、成员国范围、人员规模、工作范围做出了全面调整。明确提出了"引领全球"的战略定位，吸纳新成员国加入组织，扩大人员规模，将工作任务从中期天气预报扩展至地球系统预测

---

[1] 本文得到 2022 年度气象软科学研究重大课题（2022ZDAXM04）"国家级高水平研究型气象行业特色大学建设需求及可行性分析"的支持

及再分析,并广泛开展技术及数据服务,以获得更多外部资金支持。新的公约于
2010年生效,此后欧洲中心进入加速发展阶段。

(二)"与时俱进"的机构优化

成立之初,欧洲中心设立三个部门,分别是业务运行部、研发部、行政部。2000年
前后,随着高性能计算技术的发展,业务运行部一分为二,分为预测部和计算部,在计算
部拓展了数据和网络安全等职能。2014年欧盟全球环境与安全监测"哥白尼计划"实
施后,又单独设立了哥白尼计划部。欧洲中心在部门设置上体现出以用户为导向的特
点,预测部包括用户联络、用户支持、数据销售等职能,哥白尼计划部也设有用户支持岗
位。由于规模不断扩大,加之英国脱欧及新冠疫情的复杂影响,欧洲中心启动了多点办
公新模式,总部设在英国雷丁,数据中心在意大利博洛尼亚,并在德国波恩开设办公室。

(三)"量质同增"的人才队伍

最初按照其定位及工作任务,欧洲中心额定人员数量为142人,业务运行部75
人、研发部37人、行政部30人。1976年创立之初只有来自10个国家的53位员工。
20世纪80年代后期,欧洲中心逐渐进入稳定运行阶段,拥有约140位员工。新公约
生效后,欧洲中心人员规模及代表国家数量持续以较大幅度增长,2011年超过200
人,2015年超过300人。目前欧洲中心共有来自33个国家的388名正式员工,近年
来平均每年接收高级访问学者约40人,还有数十位实习生及供应商技术人员,所有
工作人员共计近500人。

(四)"高尖并举"的人才素质

欧洲中心104位核心员工代表了欧洲中心的核心研发力量。从部门及岗位分布
来看,超过50%的核心员工都在研发部,充分体现了欧洲中心强大的研发能力以及
对研发工作的重视,首席科学家、高级科学家、科学家呈金字塔形分布;从学历及专业
背景看,86%以上的核心员工具有博士学位,大气科学相关专业约占40%,其中资料
同化方向超过三分之一,海洋、水文等地球科学其他专业约占20%,计算数学、高性
能计算、软件开发等信息科学与技术专业占20%。从工作经历来看,大部分人员都
有博士后工作经历,15%以上的员工有政府气象部门工作经历,例如研发部负责人
Andy Brown曾任英国气象局副局长。

(五)"广纳贤才"的招聘模式

在成立之初,人员招聘是欧洲中心发展的重点。为提升人才吸引力、扩大数值预报
学术共同体规模,欧洲中心采取了多种措施,包括针对高端人才建立无限期聘用机制,
持续开展数值预报培训,广泛招聘访问学者等。成立最初的十年内,就吸纳了来自美

国、加拿大、澳大利亚、日本以及中国等共计约 50 位访问学者合作开展研究。2010 年新公约生效后,欧洲中心持续扩大招聘范围,提供高薪并实行机会均等政策,提出"根据资质和经验,不考虑性别、婚姻状况、种族或宗教背景"招聘人员,广泛吸引了欧洲各国人才。

二、欧洲中心人才战略重点

(一)打造全球顶级的气象科技人才

欧洲中心高度重视人才发展,紧紧抓住人才这一引领发展的"牛鼻子",将吸引、留住、激励更多优秀人才作为其保持自身全球领先地位的至尊法宝。一是高度重视规划人才发展,1976 年和科学技术规划、高性能计算规划、办公环境建设规划同步谋划人才规划,2012 年后更是直接把吸引和留住能够引领天气预报科技发展的人才作为主要工作目标之一;二是在"缺人"时期重视发现和培育人才,20 世纪 70—80 年代,协同各成员国在本国数值预报业务发展初始阶段培养数值预报人才,作为欧洲中心后备人才库;三是在技术全面引领时期持续吸引人才,90 年代之后把建设一支能引领全球数值预报科技发展的人才队伍作为机构的主要工作目标之一,并在面向 2030 年的战略规划中,把组织机构和人才建设作为三大总目标之一。

(二)营造开放多元的人才文化

作为国际组织,欧洲中心一直秉承开放多元的人才文化。一是人才招聘开放:面向欧洲各国政府部门、高校和科研院所,且和各成员国持续开展人员双向交流,强调要尊重和维护不同国籍、语言、信仰的多元文化,并从中获益。二是人员培训开放:欧洲中心的各项培训以服务成员国人才培养和能力提升为宗旨,因此面向成员国及合作国,甚至各 WMO 成员国——即世界上所有主要国家开放。三是交流访问开放:欧洲中心把访问学者制度用到极致,成立至今,已有数百位全球学者专家来到欧洲中心合作研究,欧洲中心通过开放的业务科研平台和合作机制,使得访问学者能够迅速融入,并应用其研究成果持续提升自身模式水平。四是成熟技术及粗网格数据开放,欧洲中心提供开放版本模式 Open IFS 及部分技术报告,用于高校和科研机构开展交流研究,同时为孵化应用生态,开放了全球预报图表下载及数据产品 API 服务,2021 年秋季平均日下载量达 19 万次。

(三)实施有效管用的人才激励

欧洲中心一直强调有效和管用的人才激励。一是丰厚的工资待遇,欧洲中心在规划中明确提出将"优厚的待遇和良好的工作环境"作为工作目标之一,其在职员工工资水平大致相当于英国气象局同等职位人员的两倍,退休人员的工资保障也较为充足;二是相关福利水平较高,在工资基础上,欧洲中心为符合条件的员工发放每月基本工资 6％的家庭津贴,为每个需抚养子女发放每月 280 英镑子女津贴,如需赡养父母也可获得每月 280 英镑补助,并在住房、家属工作、子女教育等方面提供支持,在新冠疫情期间还举办了心理健康、饮食健身和虚拟咖啡吧等多种活动;三是积极展现人才价值和成就,欧洲中心积极参与及宣传其获得的世界气象组织、欧盟及美国气象学会的各种科技和人才奖项,展现技术先进性和人才优势,倡导合作以实现欧洲地球科学界的愿景和雄心,进一步激励更多人才投身气象科技研发工作;四是拓展多源资金渠道,近年来欧洲中心从欧洲空间管理局(ESA)、欧洲气象卫星组织(EUMET-SAT)、欧盟联合研究中心(EC JRC)、英国气象局(UKMO)、荷兰皇家气象研究所(KNMI)、英国国家大气科学研究中心(NCAS/NERC)、美国能源部(DOE)等机构获得的委托项目经费以及数据和产品服务收入大幅度增加,达到约 5000 万英镑,为其高福利水平提供了有力保障。

（四）开展持续系统的人员培训

欧洲中心持续提供地球系统数值模拟所有相关领域的培训课程和资源,按照培训目标和组织形式分为不同类别,以提升培训的针对性和时效性。例如培训班(Training)时长一般为 2～3 周,面向成员国和合作国,培训目标明确、互动性强,一般配有多位助教,内容涵盖模式开发及产品应用的各方面,班型较为固定,持续多年开展,例如 2014—2023 年每年举办一期的地球系统模拟高级数值方法培训班;讲习班(Seminar)时长一般为 5 天,由欧洲中心工作人员以及邀请专家主讲,内容更为宽泛和丰富,培训目标较为发散;研讨班(Workshop)重在团队交流合作,多为各国相关领域专家在短时间内集中探讨或合作完成某一特定研究问题;此外,欧洲中心还通过举办高性能计算用户大会、人工智能技术在数值预报中的应用研讨会等学术会议,汇集业界顶尖的专家开展学术交流。

（五）致力广泛灵活的交流协作

欧洲中心面向世界一流科学家、技术专家、初创企业、高校师生等开展广泛灵活的交流协作。例如,为推进与世界顶尖科学家的合作,于 2014 年启动"欧洲中心会士计划(ECMWF Fellowship Program)",由董事会聘用相关领域国际一流科学家和计算专家为"会士",组建 10 人左右的研究团队,使用欧洲中心的计算设施和数据库,就关键技术问题开展攻关,研究成果向欧洲中心共享;为了借助信息技术领域优势人才力量,欧洲中心从 2018 年起每年夏天举办 Summer of Weather Code,由欧洲中心针对业务发展需要提出命题,邀请软件开发人员、初创企业、天气专业人员和科学家,在欧洲中心专家的指导下用 4 个月的时间集中编写新代码,最终优胜的团队可获得 5000 英镑奖金;为促进欧洲地球系统数值模拟人才流动和成长,成员国和合作国工作人员可以获得在欧洲中心兼职的机会,高校学生可以通过 Open IFS 在课堂中学习到欧洲中心在地球系统数值模拟方面的实践经验。此外,欧洲中心为多种层次的交流合作提供了良好的技术平台支持,包括建设可独立开发优化移植的面向对象的编程库 Atlas,所有的合作项目代码在 GitHub 或 Bitbucket 上开源共享,以及开发有效的内部沟通系统、支持灵活办公的系统平台等。

三、对中国地球系统数值预报人才队伍建设的启示

自 20 世纪 50 年代中国开启数值预报工作以来,中国数值预报工作逐渐成熟并发展壮大。50 年代,联合天气分析预报中心主任顾震潮超前部署,建立了一支精干的数值天气预报研究队伍,并率先与中国科学院计算技术研究所合作,第一时间开展数值预报工作。60—70 年代,曾庆存、丑纪范等开展的数值预报理论研究达到了国际领先水平;改革开放后,中央气象台数值预报室逐渐发展了 40~50 人的研发队伍;2010 年,中国气象局数值预报中心成立,从初建时期 60 多人逐步壮大到 100 余人,并依托各区域气象中心,在北京、上海、广东等省(市)气象局建立了区域数值预报模式研发队伍;2021 年,中国气象局地球系统数值预报中心成立,开启了我国数值预报模式发展的新阶段。对标党的二十大报告提出"建设世界重要人才中心和创新高地"的目标,目前我国地球系统数值预报模式的人才队伍建设仍存在一定差距。参考欧洲中心人才发展情况及战略重点,提出以下四个方面的思考。

(一)重点思考"汇聚天下英才"和"用好自主人才"的关系,着重多渠道建设高水平人才队伍

欧洲中心因其全球领先的科技水平,汇聚了世界范围内各国的气象科技人员以聘用会士、访问学者等多种方式参与其研发工作,并通过模块化的技术架构、协作型的研发平台、开放式的应用生态,使得非在职人员的成果迅速得到应用,真正实现了"汇聚天下英才而用之"。同时,作为欧洲重要战略科技和人才力量,欧洲中心严守四维变分等核心技术壁垒,打造一流待遇高地,确保核心技术和核心人员自主可控、同步发展。我国要建设一支地球系统数值预报领域的高水平人才队伍,一方面,要广纳贤才,通过灵活政策、多元渠道,吸引国内国外、部门内外专家学者和青年科技人员,通过兼职顾问、咨询专家、客座访问、项目实习等方式,吸引和培养高水平的人才;另一方面,也要内外有别,优先用好自主培育的有潜力的好苗子,提高国家级科研院所、国家级业务单位的岗位吸引力。

(二)重点思考"专业化人才"和"跨学科人才"的关系,着重全方位提升专业人才的知识结构

从欧洲中心的人才布局上看,既包括地球系统建模、资料同化、可预测性研究、大

气化学、卫星遥感、海气相互作用、水文生态等地球科学学科下各细分专业的人才,也包括软件开发、数据可视化、传媒等其他专业的跨学科人才。而目前我国地球系统数值预报中心人员的专业主要集中在大气科学相关专业,数学、物理、化学、空间、海洋、信息技术相关专业的人员相对较少,参与数值预报工作的传媒和设计领域人才几乎为零,专业人才知识结构"拼图"尚不完整。建设一支高水平的地球系统数值预报模式人才队伍,既要大气科学专业的人才发挥作用,也要各相关专业百花齐放,同时,还要加强各专业技术人才之间的知识共享、知识流动、知识更新,科学开展知识管理使人才体系效能最大化。

（三）重点思考"急需紧缺人才"和"优质潜力人才"的关系,着重多层次开展人才的教育培训

解决急需紧缺的高层次战略人才培养,最快的方式是直接引进,通过牵头重要工作和相对良好工作待遇,吸引国内外高端人才参与我国地球系统数值预报模式研发工作。但地球系统数值预报模式研发及应用是一个庞大复杂的系统工程,不仅需要战略科学家、高层次领军人才,也需要业务精湛的工程师和数量充足的青年人才。十年树木、百年树人,要解决中长期人才发展的根本需要,更需要长远谋划、久久为功,对地球系统数值预报模式教育培训体系进行科学谋划和整体设计,通过举办科普讲座、科技夏令营等活动加强基础教育,通过定向培养、优化学科、共建课程等方式加强高等教育,通过开展系统化的岗位能力和素质培训、新技术新方法培训、高层次研讨班加强高层次继续教育,全面提升人才自主培养质量,既解决好当下攻克"卡脖子"技术的急需紧缺的人才需要,也奠定未来支撑长远持续创新发展的人才基础。

（四）重点思考"学术研究型人才"和"业务应用型人才"的关系,着重多维度开展人才的评价工作

欧洲中心既是一个全球领先的科技研发中心,又是一个需要连续运转以提供数据和产品服务的业务单位,前者包括灵活多样的科研探索活动,后者包括严格精准的业务保障工作。这两类岗位的工作内容、岗位胜任力、评价考核方式有所差异,同时又需开展人员交流和密切合作。我国数值预报领域同样需要立足业务和科研两类岗位开展工作,因此,要针对不同类型的人才开展更为科学的人才评价,优化岗位、细化评价、强化交流,既要鼓励业务人员扎实开展业务建设,又要使科研人员持续产生高水平的科研成果;既要使科研人员按照业务问题的指引开展科研工作,又能使业务人员有强烈动力应用科研成果,同时兼顾培养懂业务、擅研究的复合型人才,不断推进研究型业务建设。

提高气象部门年轻干部解决实际问题的能力[1]

黄秋菊　江顺航　邓　一　张文晓

中国气象局气象干部培训学院（中共中国气象局党校）

要点：本文聚焦气象部门年轻干部解决实际问题的能力，在全面分析中青班受训学员的特点和能力的基础上，集中对年轻干部改革攻坚能力、应急处突能力、科学决策能力三个方面的现状、不足以及提升路径展开分析。研究认为，在提升年轻干部科学决策能力方面，要重点提升战略思维、强化调研分析、加强专项培训；在提升年轻干部改革攻坚能力方面，要引导年轻干部勇于创新、敢于发表意见、善于转化为实践、准确把握政策方向；在提升年轻干部应急处突能力方面，年轻干部要加强理论学习、提升调查研判能力、强化应急思维能力。

习近平总书记在党的二十大报告中强调："我们要增强问题意识，聚焦实践遇到的新问题、改革发展稳定存在的深层次问题、人民群众急难愁盼问题、国际变局中的重大问题、党的建设面临的突出问题，不断提出真正解决问题的新理念新思路新办法。"新时代新征程，必须坚持解放思想、实事求是、与时俱进、求真务实，一切从实际出发，着眼解决新时代改革开放和社会主义现代化建设的实际问题，切实提高年轻干部解决实际问题的能力，更好指导中国实践。《纲要》中明确提出要建设高水平气象人才队伍，推动气象人才队伍转型发展和素质提升。中青班学员是气象部门干部队伍的核心骨干力量，其素质和岗位履职能力对气象未来发展起到关键作用。

结合气象工作实际，在前期建立的气象部门年轻干部能力素质分析框架基础上，将年轻干部应具备的核心能力总结为八种能力，通过调查问卷发现有五种能力相对不足。时任庄国泰局长对年轻干部培养高度重视，批示深化研究，在政治能力提升前提下，尤其要提高气象部门年轻干部解决实际问题能力。干部学院专题研究组进一步聚焦年轻干部能力培养和提升主题，对2018—2022年参加过气象部门中青年干部培训班（中青一班、中青二班）的全体学员进行问卷调查，着重就年轻干部科学决策、改革攻坚、应急处突等与解决实际问题能力的提升路径进行研究，为气象部门年轻干部培养提供有针对性的对策建议。

---

[1]研究指导：王志强

一、2018—2022 年中青班参训学员特点和能力现状

本次问卷调查有效样本数为 262 份,在剔除了作答时间过短(小于 200 秒)的样本后,共将 257 份调查样本纳入分析,总数据量约 2.3 万条。被调查的中青年干部的平均年龄约为 44.1 岁,其中 44.7％的干部为 41～45 岁。约 83.7％为处级或副处级干部,约 9.3％为近年新提任的司局级干部,约 74.7％的干部来自省级或国家级的气象部门,可见被调查对象大多数为高层级气象部门中较为年轻,且处在重要岗位的年轻干部。从担任干部时长来看,平均任干部职位的时长为 11.6 年,在职期间平均轮换过 2.5 个岗位,且其中约 85.6％有过基层锻炼的经历,近一半的(45.9％)年轻干部有过 6 年以上的基层任职经历。总体来看,本次接受调研的气象部门年轻干部,大多数为任职期限长、工作经历丰富、基层经验充足的中青年干部,是现在及未来的气象部门领导干部队伍中的核心及中坚力量,为后续探究气象部门年轻干部三个能力提升的路径探究奠定了坚实基础。

问卷调查结果分析显示,气象部门绝大多数年轻干部的改革攻坚能力、应急处突能力、科学决策能力三项能力较强,充分体现了气象部门年轻干部埋头苦干、不畏艰险、应急决策能力强的特点。与此同时,本次调查问卷结果显示,这三项能力尚存一定的提升空间,特别是应急处突能力,与新形势下岗位需求还有一定的差距。

二、提高气象部门年轻干部解决实际问题能力的思考和建议

培养选拔年轻干部事关党的事业薪火相传。习近平总书记在两次全国组织工作会议和六次中央党校(国家行政学院)中青年干部培训班开班式上,对广大年轻干部提出殷切希望。习近平总书记指出,年轻干部生逢伟大时代,是党和国家事业发展的生力军,必须练好内功、提升修养,并提出了六个方面的要求。习近平总书记的重要论述,为努力把年轻干部培养成为可堪大用、能担重任的栋梁之材提供了根本遵循。

结合气象部门的实际和问卷调查结果的分析,专题研究组认为,应从影响年轻干部解决实际问题能力的三个不同因素入手,结合气象部门年轻干部能力提升的潜在可能,在新时代走出一条符合气象部门特色的干部队伍素质提升之路。

(一)提升年轻干部科学决策能力的对策建议

科学决策能力是反映领导干部综合素质和能力的重要方面。习近平总书记在2020 年秋季学期中央党校(国家行政学院)中青年干部培训班开班式上的讲话(以下简称"讲话")中提出,干部特别是年轻干部要提高科学决策能力。在当前复杂形势和艰巨任务下,要在危机中育先机、于变局中开新局,领导干部的科学决策能力至关重要。

问卷分析结果显示,影响科学决策能力的关键因素是,年轻干部能否在短期目标完成的基础上,平衡推进长期目标的完成;能及时征求同级、群众以及朋友意见的年轻干部,相对于那些过度依赖上级领导意见、无法自主做出决策的人,往往展现出了更强的科学决策能力。同时,注重自身工作经验的积累,以及善于运用统计分析数据等工具的年轻干部科学决策能力明显更强,而统计分析数据往往代表着七个能力中的调查研究能力,这也从另一个层面说明了七个能力之间相互关联、相辅相成。从提升年轻干部科学决策能力的潜在因素来看,年轻干部普遍认为,参加有针对性的相关培训是提升气象部门年轻干部战略眼光和科学决策能力的重要途径。

按照党中央的要求并结合气象部门实际,建议从以下三个方面着力提升年轻干部的科学决策能力。一是提升年轻干部战略眼光和战略思维能力。做到科学决策的首要前提就是要具备战略眼光,站位够高。这就需要年轻干部在决策时,必须把党和国家的事业放到中华民族伟大复兴和世界发展大势的历史进程中来谋划,多打大算盘、少打小算盘,促进年轻干部树立正确政绩观,把本部门的工作和当地的实情融入党和国家事业大盘中去,兼顾个人出成绩和为大局添彩。发扬求真务实、真抓实干的作风,在推进事业过程中逐渐积累个人工作经验,脚踏实地把既定的行动纲领、战略目标、工作蓝图变为现实。二是年轻干部做决策之前要深入研究、综合分析,听取多方意见,充分考虑事项的价值及可行性,做到全面权衡、综合评判、科学决断。年轻干部要提高自身的预测力决断力,还要通过已有数据资料和信息,对未来或未知事物的发展进行估计和推测,也就是要提高在调查研究和实践基础上进行科学分析和逻辑推理的能力。三是通过培养领导干部科学决策能力的专项培训,提高年轻干部队伍把握和运用市场经济规律、自然规律、社会发展规律的能力,以及提升对调研得来的大量材料和情况研究分析的能力,并在此过程中推广充分研究、比较成熟的调研成果。通过培训建立更多跨地区、跨部门的中青年干部的交流平台,交换分享各自的工作经验,使得年轻干部能有机会更深入地听取同级意见,提高科学决策、民主决策能力,做到厚积薄发。

(二)提升年轻干部改革攻坚能力的对策建议

习近平总书记指出,面向未来,我们要全面推进党和国家各项工作,尤其是贯彻新发展理念、推动高质量发展、构建新发展格局,继续走在时代前列,仍然要以全面深化改革的定力、决心与勇气添动力、求突破。新时代的年轻干部面临更严峻的挑战,因此,必须从提高年轻干部改革攻坚能力入手,才能推动党和国家各项工作在全面深化改革中增添动力、寻求突破。

问卷分析结果显示,气象部门年轻干部普遍对改革攻坚怀有较高的热情和决心,但往往那些表现出较强主见的年轻干部展现出更强的改革攻坚能力。在日常工作中,拥有创新思维、面对困难时勇于冲破阻碍寻求突破的干部,在深化改革攻坚中也展现了更良好的素质和更强的能力。进一步分析发现,气象部门年轻干部在改革攻坚工作中的创新思维往往是从日常工作和集体讨论中获取灵感,而对于气象部门年轻干部来说,增加应对重大事件和紧急部署的相关经验,往往正是急中生智,激发内在潜能,以创新的思维化解当前难题关键一步。最后,年轻干部普遍认为,着眼于长远、清楚了解气象事业发展目标是在提升改革攻坚能力时的首要问题,而清晰的上级领导或上级部门的指示也是年轻干部得以提升改革攻坚能力的重要参照,而提升工作的系统性、整体性、协同性也是提升改革攻坚能力的关键。

有鉴于此,建议从以下四个方面提高年轻干部的改革攻坚能力。一是要支持和鼓励年轻干部发扬敢于创新、勇于创新的精神。相对于年龄较大的干部,年轻干部富有活力和工作激情,思维活跃,要培养年轻干部在工作中敢为人先的精神,保持越是艰险越向前的刚健勇毅,不能畏首畏尾、踯躅不前。面对困难要敢于抒发主见,发挥主观能动性,要有战胜困难的勇气和胆量。面对工作中的困难阻碍时敢于使用创新方法、发挥创新思维。要制定并完善具有针对性的年轻干部容错纠错配套机制,使那些有担当、有干劲的年轻干部敢干事、能干事、能干成事。二是鼓励年轻干部充分参与到综合日常工作的过程中去,鼓励他们积极在集体讨论中抒发己见,拓宽激发创新思维的思想渠道和实践渠道。与不同部门、不同岗位的干部进行交流是打破思维固化模式、脱离墨守成规的重要途径,相对闭门造车,思维碰撞擦出的火花能给予人灵感。为克服集体讨论特别是和其他部门或岗位的领导干部开展集体研讨机会不足的问题,在年轻干部培训中应适当提升专题研讨、学员论坛、案例教学的比例,发挥学员间交流探讨的创新效应。三是在应对重大突发事件的实践中提升年轻干部的创新能力。实践是推动创新的重要途径,年轻干部要重视在实践中不断分析新情况,解决新问题,创新工作新思路,完善工作新举措,推动工作扎实有效开展。应结合巩固提升年轻干部应急处突能力的需要,推动年轻干部多参与气象事业工作中的重大事件并落实应急机制,使得更多的年轻干部参与历练,在应对和处理重大气象实践中锻炼创新思维并提高创新能力。四是年轻干部要牢牢把握气象事业和气象现代化发展的总目标,将全面深化改革融入气象事业发展布局中,推动《纲要》宣贯工作和党中央最新指示精神相关专题培训的进行,引导各领域改革统筹进行,不断推进理论、制度、科技等各方面创新,在把握规律的基础上使各项改革举措相互配合、相互促进、相得益彰。

（三）提升年轻干部应急处突能力的对策建议

习近平总书记反复强调,提高解决实际问题能力是应对当前复杂形势、完成艰巨任务的迫切需要,而提高应急处突能力也是年轻干部成长的必然要求。要坚持底线思维、增强忧患意识,有效防范和化解前进道路上的各种风险,这不仅是坚持人民至上、生命至上,筑牢气象防灾减灾第一道防线的基本前提,同时也是提高气象服务保障经济高质量发展水平、优化人民美好生活气象服务供给的必然要求。

从调查分析结果来看,能否正确判断突发事件级别是影响干部整体应急处突能力的关键。而在突发事件已经发生时,能够第一时间应对并及时根据应急流程处置,往往能在众多年轻干部中脱颖而出,而过度依赖上级指示处理或完全根据自身经验处理,往往难以取得良好的效果。进一步分析发现,在此次调查的年轻干部中,拥有较强的事前风险研判能力和较完善的应急思维,以及善于事后复盘完善的人,往往展现出更强的应急处突能力。年轻干部普遍认为,加强应急处突理论储备和对已发生的应急事件的深入研究是十分必要的,同时,参加应急处突的相关培训是提升干部个人素养、加强应急处突能力的重要抓手。

有鉴于此,建议从以下三个方面入手着力提升年轻干部的应急处突能力。一是通过培训加强年轻干部应急处突理论学习,补齐能力短板。要全面系统地学习习近平总书记关于坚持总体国家安全观、推进应急管理体系和能力现代化等重要论述,增强对应急处突工作极端重要性、紧迫性的认识。要认真学习突发事件应对法、准确理解和全面把握职责要求,不断增强做好应急处突工作的使命感和责任感。要通过案例教学、情景模拟学习近年来国内外典型重大风险挑战应对的经验教训,深入剖析,换位检视,举一反三,把别人的经历变为自己的宝贵财富。二是气象部门年轻干部要加强对各种风险源的调查研判,提高动态监测、实时预警能力,推进风险防控工作科学化、精细化,对各种可能的风险及其原因都要心中有数、对症下药、综合施策,出手及时有力,力争把风险化解在源头,坚决遏制风险升级。三是强化年轻干部应急思维、增强忧患意识,以气象事业高质量发展更好服务保障现代化强国建设。新征程上,我国面临的安全形势正经历着前所未有的复杂而深刻的变化。近年来极端天气等突发事件频发,为新时代下气象事业发展提出了更为严峻的挑战,要正视应急处突工作中存在的短板,按照习近平总书记提出的"不断提高应急处突的见识和胆识"的要求,积极推动各级领导干部不断增强风险意识,全面提升应急处突能力。

气象新员工"关注"什么？"惑"在哪里？[1]

屈　芳　韩　锦　朱　琳

中国气象局气象干部培训学院（中共中国气象局党校）

要点：本文基于对 2022 年新入职员工培训班的相关数据，在全面分析和把握气象新员工的年龄层次、学历结构、岗位情况等基本信息基础上，重点分析新员工的主要诉求、困惑以及关注点，总结和归纳了新员工对气象事业的"五个重点关注"和"三点主要困惑"，并对未来各级气象部门如何"护好""用好""育好"气象新员工提出思考和建议。

党的二十大报告中明确指出"全党要把青年工作作为战略性工作来抓"。"打造具有国际竞争力的青年科技人才队伍""加强大气科学领域学科专业建设和拔尖学生培养"是《纲要》的重要内容。气象新员工作为气象事业发展的"新鲜血液"，关心、了解和把握这一群体的所思及所惑，有助于更有针对性地培育好、打造好"气象新生代"。

2022 年 9 月，在气象部门全体员工共学《纲要》之际，干部学院面向 2022 年中国气象局直属机构新入职员工，采用"训前＋训后"联合调研的方式，对新员工关注的领域以及困惑的问题开展了较为深入的调查研究，在调研数据基础上归纳出气象新员工的"五个重点关注"和"三点主要困惑"，并思考未来各级气象部门如何更好地为气象员工的迅速成长添柴助力。

一、气象新员工有"五个重点关注"

2022 年参加新员工入职培训的学员共 103 名，平均年龄 27 岁，气象专业占比36％，硕士及以上研究生占比 88％，从事科研业务工作的占比 90％。新员工在 9 月参训之际大多已入职 2 个月，对《纲要》有了"初印象"，对岗位有了"初体验"，调研结果基本能够反映出新人们对气象事业的"初感受"。通过分析训前提交的"一个关注"以及训后收集的问卷调查，发现新员工对气象高质量发展的关注点主要包括如下五个方面。

---

[1] 研究指导：杨　萍　闫　琳　王志强

重点关注之一:气象服务多样化和高质量

《纲要》指导思想中明确要"以提供高质量气象服务为导向","服务"作为气象工作的根本,位列新员工"一个关注"的高频关键词榜首,达到 102 次,超出"预报"(71次)31 次,更远远超出"监测""气候变化"等气象业务重点。除了公服中心新员工关注"公共气象服务供给""能源气象服务"问题外,其他业务单位也对气象服务给予了高度关注。如气候中心有新员工提出"要建立基于影响的预警服务平台",宣传科普中心新员工关注"气象服务如何切实走到农村"。

重点关注之二:气象预报准确性和及时性

《纲要》提出要"构建精准预报系统",这是气象高质量发展的重点任务,这一任务的背后是提升预报准确性问题。尽管新员工来自气象局大院的各个业务单位,专业背景、业务方向、工作性质各不相同,但"预报"问题得到了共同的关注,仅"预报"这一关键词在"一个关注"中就反复出现了 71 次,拓展到和预报相关的"预警""天气""灾害"等关键词,上述关键词总计出现了 165 次。如气象中心新员工关注"气象预警信号及时性及其与国家相应政策的联动性",华风集团有新员工关注"如何将人工智能融入气象以提高预报准确性",信息中心新员工关注"如何将气象、水文、农业等进行高质量连接,实现全方位的预报服务"。

重点关注之三:气象关键技术自主可控

《纲要》明确提出 2025 年"气象关键核心技术实现自主可控",这一发展目标同样得到了新员工的普遍关注。统计新员工"一个关注"的高频关键词发现,"科技""创新""数值模式""自主"等词语反复出现,上述关键词出现总词频达 143 次。其中"数值预报模式"发展水平和预报能力不仅被来自地球系统数值预报中心的新员工所关注,信息中心、探测中心、人工影响天气中心、机关服务中心、华风集团等单位的新员工也对此话题关注度较高。

重点关注之四:所在单位重点业务发展

梳理新员工们的"一个关注",除了"服务""预报"等属于新员工普遍关注的领域,新员工关注最多的还是和个人职业发展关系密切的本单位业务。特别是气象业务所需专业性越强的机构,新员工对单位业务的关注度越集中,如数值中心新员工普遍关注"数值预报模式能力提升""新一代数值模式发展""数值预报准确率"等问题,气候中心新员工更关注"气候资源开发利用""气候变化影响与适应"等问题,信息中心新员工关注"智慧气象""人工智能与气象结合点"等问题。而干部学院、宣传科普中心(报社)、气象出版社、华风集团等机构,由于其人才结构的多样性,新员工的关注点相对较为发散。

重点关注之五:青年人才成长路径

《纲要》专设一章谈"高水平气象人才培养",足以看出人才队伍建设在气象高质量发展中的重要位置。调研显示,新员工在个人职业发展中最为关注"良好的薪酬福利"（79.6%）和"在工作中实现自我价值"（75.7%）。具体到新员工"一个关注"，个人诉求与岗位结合紧密：如数值中心新员工期待"能够在领导和专家的带领下，早日赶超 EC 数值预报精度"，卫星中心新员工期待"发展更多的质量管理体系内审员"，发规院新员工关注"如何高质量培养气象行业工程管理建设与管理人才"，干部学院新员工关注"强化气象人才培养的发力点"。

二、气象新员工有"三点主要困惑"

主要困惑之一：从"学位"到"岗位"，如何转换？

训前调研新员工的"一个问题"发现，有 54 位新员工困惑于"从学生到员工角色转换"，占新员工总人数比例高达 52%。有不少新员工认为自己"在角色转换中容易出现怀旧心态""还未完全从学生身份转变为职场中人""行事习惯仍旧比较学生气""面对未来工作心里总感觉很胆怯、怕处理不好、跟不上进度"等。还有不少新员工提出一系列适应角色的问题，包括"如何克服依恋心理和对职业角色的畏惧""如何从学生转变为工作者、独当一面""如何转换学生心态、适应日常工作"等。训后在调研学员们通过培训是否对当初所提"一个问题"有所启发，我们可喜地看到，97.1%的学员认为"很有启发"和"有一定启发"。

主要困惑之二：从"成绩"到"成效"，如何进阶？

好学生未必能成为好员工，尽管九成左右的气象新员工都是研究生学历、学校的佼佼者，但是入职后，大家普遍感到无法快速将所学应用到业务中，普遍存在着对未来职业规划的茫然。有新员工遇到了自身专业与业务工作不匹配的困难，提出"入职后工作内容与博士期间的研究方向不同，在业务和科研并行中如何合理地将两者结合"。还有非气象专业的新员工表达了入职气象部门的担心，提出"非气象专业员工如何快速熟悉气象行业相关知识和业务"。调研还发现，71.8%的新员工认为专业知识储备与岗位技能衔接有差距，也有超过半数的新员工对个人职业定位较为模糊。上述调研结果显示，对大多数新员工而言，从学生时代的"好成绩"到职业生涯的"好成效"，尚有很长的路要走。

主要困惑之三：从"个人"到"团队"，如何共融？

尽管新员工们有扎实的学术功底，但在步入新环境后，大多数员工在由"个人"变"团队"、由"主动"变"被动"、由"服从"到"创新"等方面，还没有做好准备。调研发现，新员工普遍存在沟通不畅、人际关系恐惧的问题。尽管这一比例在气象新员工的"一个问题"中占比不大（约 10%），但从新员工的诉求看，沟通交流不畅、人际关系不顺会影响到业务工作的正常开展，值得高度关注。如有新员工提出"害怕与别人的眼神交流，特别是与领导的交流"，还有新员工困惑"怎样以新的身份和以前的老师（现在的同事）相处"，另有新员工表示"在与同事的交往等方面感觉无所适从"。总体来看，

"如何提升与领导和同事沟通交流的能力"成为"社恐"新员工渴望解决的问题。

三、对"护好""用好""育好"新员工的几点思考

（一）打造健康阳光的生态环境"护好"新员工

新员工刚步入职场，需要适应过程，会遇到生活上、工作上、思想上、家庭上的各种困扰。如有新员工提到"研究方向改变了，需要时间适应"，有新员工困惑于"学生和职工的核心任务到底有怎样的差异"，还有新员工"对自己技术能力的提升方向比较迷茫"。面对新员工初入职场的不适应、对未来发展的无信心，各级领导应给予足够的关心、帮助和鼓励，及时给予思想引导和心理疏导。第一，要提升新员工的归属感和组织文化认同。气象部门可以组织多种形式的学习，特别是加强党的二十大报告和《纲要》的理解领悟，不断增强新员工责任感、紧迫感，切实肩负起推动气象高质量发展的光荣使命，使新员工真正转化为新时代气象事业充满朝气的"开拓者、奉献者、攻坚者"。第二，要创造你追我赶的制度环境。气象部门要给新员工提供多角度实践、全方位接触各项业务工作的机会，创建多岗位锻炼的制度环境，以制度为依托，保证新入职人员在不同类型岗位之间有据有序、公平公正、开放灵活、衔接紧密的锻炼环境。第三，要激发新员工的内生动力。与老员工相比，新员工普遍存在经验缺乏、沟通能力欠缺、自信心缺乏等不足，同时，也要看到，新员工的优点非常明显：求知欲强、可塑性高、工作热情高是新员工群体较为突出的特点。扬长避短，为新员工的火热干劲添柴加薪，帮助新员工从"一粒种子"长成"一树花开"，气象部门大有可为。

（二）营造能量满满的成长环境"用好"新员工

气象部门吸纳的新员工以研究生学历的高级知识分子为主，由于长期在学校两点一线，新员工普遍存在"学生心态""被动接受工作"等问题，各级气象部门特别是新员工所在单位要充分认识新员工的特点和优势，给新员工创造奋发向上、能量满满的工作环境，在用准、用对、用好新员工上下功夫，实现"人尽其才、才尽其用"。第一，要在新员工管理方式上有更多创新。例如，可建立新人成长跟踪档案，经过 2-3 年的档案跟踪期，助力新员工找准努力方向，提高新员工对气象事业的认知度和归属感，稳定员工队伍，从而发挥成长档案的督促作用和关爱作用。第二，要精准定位新员工的职业发展优势。例如，可以采用轮岗制等方式，让新员工在多个岗位上历练，发现其擅长和适合的工作，对专业性要求较强的业务单位可以在相似科研和业务岗之间轮换，管理性较强的单位可以将轮岗时间适当缩短。第三，要开展差异化培养，如建立入职一年的考核评价制度，及时发现问题并做出培养方案的调整，再如建立新员工导师制，带领新员工参与急、难、重的业务工作，挖掘新员工的潜力。第四，要"厚爱"与

"严管"相结合,在鼓励和肯定的同时,对新员工的不足要及时指出,通过考勤制度、定期培训、组织党日活动等方式帮助新员工树牢理想信念、培养爱岗敬业的品质。

（三）创造有效管用的培训环境"育好"新员工

目前,气象部门新员工的培训时长仅为一周,调研发现,新员工普遍认为培训效果显著,但参训时长不足。为此,干部学院（局党校）应在新员工的培训中发挥更多作用,助力新员工的人才成长。第一,要加强内容精准化和针对性,要持续开展新员工的培训需求调研,及时了解和把握新员工的意向,除了加深气象业务相关培训外,结合新员工的需求适当增加岗位能力提升方面的培训比重。第二,要适当增加培训时长,一方面可以增加入职培训的时长,另一方面也可在新员工入职后的一至两年内,增加岗位技能类的专项培训。第三,要创新培训方式方法,适当增加"案例式""研讨式""体验式"的比例,帮助新员工快速建立对气象业务的感性认知,为后续业务和科研实践的顺利开展打下坚实的基础。

气象管理保障

地方气象事业单位深化改革问题研究与对策建议

闵忠文　孙　彬　闵　莉　孙鸿娉　徐志龙

马云波　杨经博　艾散江·玉苏英

中共中国气象局党校第 19 期中青年干部培训班专题研究小组

要点:本文采取多种方式面向全国组织开展地方气象事业单位改革工作调研,较为充分地掌握了地方气象事业单位现状、改革整体情况,并梳理出改革经验及共性问题,对如何做好地方气象事业单位改革提出三点对策建议:第一,要坚持系统观念,上下协同统筹推进地方事业单位改革;第二,要坚持问题导向以点带面整体推进地方事业单位改革;第三,要强化科学管理,持续巩固地方事业单位改革成果。

党的二十大报告指出,高质量发展是全面建设社会主义现代化国家的首要任务。《纲要》为气象高质量发展指明了方向、绘就了蓝图。实现气象高质量发展,需要优化协同高效的机构编制资源提供组织保障。地方气象事业单位作为气象高质量发展不可或缺的重要力量,为服务保障地方经济社会发展发挥着重要作用。2020 年 2 月,中央确定北京、内蒙古、黑龙江、江西、山东、河北、江苏、广东、四川 9 省(区、市)为深化事业单位改革试点省。按照当地党委部署要求,试点地区的气象部门先后组织开展了地方气象事业单位改革工作。浙江、山西等省气象部门按照当地党委部署要求也开展了相应改革工作。本文通过政策梳理、走访调研、专家咨询等多种形式,全面了解和把握全国气象部门地方事业单位改革情况,提出相关建议政策。

一、地方气象事业单位现状与改革基本情况

《气象法》规定,县级以上地方人民政府可根据当地社会经济发展需要建设地方气象事业项目。广东、山西等省出台的地方性法规或政府规章中,对地方气象事业涵盖内容、管理体制等作了具体规定。在各级党委政府支持下,地方气象事业机构和编制得到大幅增长。截至 2022 年 9 月,除 1 省份未设地方气象事业机构外,其他 30 省(区、市)均设有相应机构。现有机构 1792 个,其中省级 73 个、市级 338 个、县级 1381 个;共有编制 7695 名,省级 849 名、市级 1905 名、县级 4941 名;在编人员 5287 人。

（一）纳入中央改革试点省地方气象事业单位改革情况

9个试点省（区、市）中，北京、内蒙古、黑龙江、江西、山东5省（区、市）地方气象事业单位纳入当地全省域改革试点，河北、江苏、广东、四川4省部分单位纳入改革试点。截至2022年9月，9省份地方气象事业机构共704个，其中省级23个、市级148个、县级533个。完成改革机构377个，省、市、县三级分别为21、77、279个。江西、黑龙江全省域完成改革，山东、四川、内蒙古、广东完成改革的机构分别占本省（区）机构数的84.6%、79.3%、51.6%、28.1%，河北、江苏、北京完成改革的机构占比不足10%。

已完成改革的单位与改革前对比：机构总数下降，减少11%，省、市、县三级分别减少15%、14%和10%；编制总数略有增加，增加145名，增加4%；省、市、县三级均有增加，江西、四川、山东、河北、江苏、内蒙古6省（区）编制增加，北京维持不变，广东、黑龙江分别减少50名和7名。机构调整涉及业务范围发生变化。改革前，占比最大的为防雷业务机构（简称"防雷机构"），改革后，人工影响天气、预警信息发布业务机构（分别简称"人影机构""预警机构"）占比最大，分别为40.6%和24.7%。机构规模发生变化，3个及以下编制的机构由55.2%减至23.3%，5个以上的机构由32%增至55.7%。

（二）未纳入中央改革试点省地方气象单位改革

未纳入中央改革试点的21省（区、市），共有1088个机构，4253个编制。其中，省级机构50个，编制452个，9个或以下编制机构28个；市级机构190个，编制927个，4个或以下编制机构102个；县级机构848个，编制2874个，3个或以下编制机构502个。机构主要以人影、预警、防雷业务机构为主，占比分别为47.6%、24.3%、16.8%。

近年来，浙江、山西、天津、河南、陕西等省（市）气象部门按当地党委部署要求，开展了地方气象事业单位改革工作。已完成改革的单位呈现出中央改革试点省的类似特点：机构数减少，较改革前减少7.74%。编制数增加，较改革前增加145名，增加9.5%，浙江、天津、陕西增加，山西、河南减少。机构业务范围上，人影、预警业务机构由70.37%增至80.3%。机构规模上，5个及以上编制的机构由49.5%增至63.9%。

二、地方气象事业单位改革效果与问题分析

（一）改革效果及分析

1. 机构设置进一步优化

部分长期空转机构撤销，"小散弱"机构整合；部分机构由其他部门划转部门管

理,机构职能得以重塑明确;行政管理职能剥离,公益性定位得到强化。如江西、内蒙古、山东、四川将人影办更名为人影中心;天津及所辖 10 个区将原由地方农委管理的 11 个人影机构划转部门管理,并制定完善了"三定"规定。

2. 编制资源配置更趋合理

各省编制虽有增有减,但编制总数增加 290 个,编制少的现状得到改善。浙江、江西等 9 省(区、市)编制增加,内蒙古虽增加较少,但被限制使用的编制减少 10 名,北京维持不变,山西、广东、河南、黑龙江 4 省,因"小散弱"机构合并重组等原因,编制减少。

3. 相关配套制度进一步完善

初步建立了人员招聘、国家与地方气象事业人员双向流动等制度并开展实践,促进了机构编制资源保障作用的有效发挥。江西争取省人社厅同意全省气象及相关专业地方气象事业编制人员公开招聘纳入部门招聘,部门招聘专业目录纳入地方备案,江苏在地编干部选拔、职称评审等方面制定了激励措施。

(二)存在问题分析

1. 机构规模仍存在"小散弱"特征

部分省编制总量减少,空转机构、编制少于 3 名的机构仍占一定比例。市、县两级普遍存在规模小、编制少、空编多等特点,呈现出"小散弱"特征。青海省存在有机构无编制情况,湖北市级 5 名、县级 3 名编制以下机构占比超 70%,甘肃省编制少于 3 名的机构占比 66.7%。此外,吉林等省地方气象机构总体空编较多,有的空编达 50%。

2. 机构设置规范性仍需加强

湖南、山东等地方气象机构仍以"委、办、局"命名,与事业单位功能定位不符;河南等地存在地方与国家气象事业机构重复设置同一机构的情况;云南等地存在只核定编制未批复机构的情形,青海、安徽等地存在批复了机构却未核定编制的情形;湖北省的市县级防雷业务机构职能弱化、功能萎缩。

3. 管理机制和制度建设仍不够健全

云南、宁夏等地因与地方相关部门沟通不畅,未能自主公开招聘,使用编制引进人员难;安徽、甘肃等地的岗位设置、职称评聘、职务晋升等方面存在瓶颈,湖北、重庆等地由于国地编招聘条件方面存在差异,导致国编与地编人员双向流动难,影响地编人员积极性;吉林、安徽等地在机构编制管理层面不规范,地方气象事业单位未经编制部门制订"三定"规定,未明确人员编制、领导职数或机构职责。

三、做好地方气象事业单位深化改革的对策建议

党的二十大报告明确指出要深化事业单位改革,各级气象部门应站在讲政治的战略高度,在国家顶层设计下,统筹国家和地方气象事业单位改革工作,不断加强实践探索。

（一）坚持系统观念,上下协同统筹推进地方事业单位改革

国家和地方气象事业单位改革需要各级气象部门共同发力、协同合作、统筹推进。一要强化顶层设计。在总结凝练各地方气象机构改革经验基础上,在国家层面形成气象部门做好改革工作指导意见,从指导思想、总体要求、主要任务、保障措施等方面自上而下做好指导和规范要求。二要加强统筹谋划。聚焦地方气象事业单位存在的结构不合理、定位不准、职责不清等突出问题,强化改革的协同性,有力有序协同与国家气象事业机构改革工作共推进、同进步。三要坚持系统观念。从气象防灾减灾工作实际出发,充分利用气象法律法规等制度修订工作,争取在保障地方气象机构工作开展等方面予以法律法规政策等方面的支持。

（二）坚持问题导向,以点带面整体推进地方事业单位改革

各级气象部门应严格履行好改革主体责任,采取切实有效措施,及时总结经验梳理问题,共享改革成果,实现国家和地方事业单位改革的整体推进。一要深入和广泛调研,找准改革的痛点堵点难点。各级气象部门要全面调研机构和职能匹配情况,以及与其他单位或机构的职能交叉情况等,及时汇总分析形成高质量分析研判报告。二要全面系统梳理政策,用足用好政策支持。要梳理《气象法》《气象灾害防御条例》《人工影响天气工作条例》等气象法律法规,找好机构编制保留政策依据,各级气象部门尤其省、市两级应分别争取当地政策支持,采取整合重组机构、优化调整职能等措施,对"小散弱"机构进行整体重塑、功能再造。三要加强经验共享,强化调度督查。各级气象部门应及时总结阶段性改革工作成效,积极推行先进改革经验,迅速形成以点带面整体推进的良好局面,可探索"周调度、月督查、季通报"机制,及时通报改革进展,形成比学赶超推进改革的良好氛围。

（三）强化科学管理,持续巩固地方事业单位改革成果

各级气象部门应在规范和科学管理上下功夫,以建章立制为根本,通过不断完善地方事业单位的管理体系来持续巩固改革成果。一要持续加强管理规范性。各级气象部门根据改革的进展程度,不断优化职能职责、完善机构编制管理流程,统筹盘活用好低效配置的机构编制资源,不断建立健全机构管理配套制度和机制并推进落实。

二要用好地方气象机构编制资源。各级气象部门要建立健全编制快速反应、人员及时补充、队伍保障有力的使用机制,加大人才引进力度,要加强与当地人社部门的沟通,推动地方气象事业编制纳入部门公开招聘,争取将部门招聘专业目录纳入地方备案,适当调整放宽地方气象事业机构人员招录条件。三要调动地方气象编制工作人员的积极性。要积极推动国家气象事业单位与地方气象机构的人员双向流动,探索将领导干部培养与地方气象事业编制使用有效衔接,完善地方气象事业单位岗位设置,积极争取提高中高级专业技术岗位比例,优化地方气象人才的政策环境。

强化气象标准制度属性对策研究

桑瑞星　彭黎明　陈长胜　李　勇　廖柏林　孟祥杰　戴　纲

中共中国气象局党校第19期中青年干部培训班专题研究小组

要点：本文围绕强化气象标准制度属性这一主题，聚焦标准化意识、管理机制、应用实施、执行责任链条、国际化参与程度等问题开展专题研究。在系统总结气象部门工作成效及短板问题的基础上，对新时期如何强化气象标准属性提出五个方面的建议：一要优化治理结构，在顶层设计与需求牵引相结合上下功夫；二要完善治理机制，在统筹协调与分工负责相结合上下功夫；三要聚焦治理流程，在标准制定和实施应用相结合上下功夫；四要提升治理效能，在行业合作与开放融合相结合上下功夫；五要夯实治理基础，在技术支撑与制度保障相结合上下功夫。

习近平总书记指出，标准是人类文明进步的成果，要以标准助力创新发展、协调发展、绿色发展、开放发展、共享发展，强调标准决定质量，只有高标准才有高质量。十八届二中全会明确将技术标准体系建设作为基础性制度建设的重要内容。十八届三中全会强调，政府要加强发展战略、规划、政策、标准等制定和实施。随着国家治理体系和治理能力现代化的深入推进，标准作为贯穿经济社会发展各个领域的技术规则，其制度性作用日益凸显。

党的二十大报告明确指出，推进高水平对外开放，稳步扩大规则、规制、管理、标准等制度型开放，充分体现了党中央对标准化工作的高度重视，也对新时代推进标准制度型开放提出新要求。当前，学习贯彻落实党的二十大精神，必须对标《纲要》和《国家标准化发展纲要》，从国家基础性制度的站位上系统思考与谋划，强化气象标准制度属性，优化气象标准治理结构、增强气象标准治理效能。

一、强化气象标准制度属性是支撑气象高质量发展的必然要求

制度是指共同遵守的办事规程或行动准则，是实现某种功能和特定目标的社会组织乃至整个社会的一系列规范体系。标准具有制度属性，是指标准本身具有制度的指导性、约束性、规范性、程序性等典型特性。《国家标准化发展纲要》明确指出，"标准是经济活动和社会发展的技术支撑，是国家基础性制度的重要方面。标准化在推进国家治理体系和治理能力现代化中发挥着基础性、引领性作用"。

气象事业是党和国家事业发展的重要组成部分,在国家经济社会高质量发展中担负着全方位服务保障生命安全、生产发展、生活富裕、生态良好的重要作用。近年来,中国气象局党组高度重视标准工作,强调要充分发挥好标准制度属性,完善标准化工作机制,提升气象标准质量,进一步强化气象标准的权威性和约束力。强化气象标准制度属性,就是要统筹推进"把标准用好"和"让标准好用",发挥好标准在气象社会治理和公共气象服务中的制度性作用,全面提升气象标准社会应用效益和水平。

(一)强化气象标准制度属性,就是要使气象标准成为气象社会治理的重要抓手

随着国家"放管服"改革的持续推进,如何更好地通过法治建设来强化气象社会管理和公共气象服务,这是对各级气象主管机构提出的新课题。标准作为气象法治的应有之义,强化气象标准制度属性,用好气象标准这一重要抓手,既能较好地解决气象社会治理过程中的突出问题,进一步强化事中事后监管,又能有效激发政府、市场、社会各方面活力,解决涉及政府、社会、公众关心的气象民生问题。

(二)强化气象标准制度属性,就是要使气象标准成为履行气象行业管理职能的重要依据

气象行业管理是《气象法》赋予气象主管机构的法律职责。强化气象标准制度属性,用好气象标准,有利于解决气象数据格式不一致、业务技术不统一、仪器装备不兼容等突出问题,有利于推动行业资源共享、信息交流、业务规范,以及提高气象服务质量,有利于促进气象产业健康发展,保证气象行业管理职能有效履行。

(三)强化气象标准制度属性,就是要使气象标准成为推动气象高质量发展的重要支撑

《纲要》对气象高质量发展作出了全面部署,强化气象标准制度属性,加强基础性、关键性气象标准的制定和实施,要以高质量标准助推气象科技创新、促进气象高水平开放、加强与气象行业和社会资源的充分融合,最终实现气象发展方式的转变,发挥好气象保障生命安全、生产发展、生活富裕、生态良好的重要作用。

(四)强化气象标准制度属性,就是要使气象标准成为推进制度开放的重要载体

构建人类命运共同体,坚持对外开放与合作发展,主动参与全球气象治理,需要从制度自信的高度深化理解和认识气象标准,这就要求气象部门强化气象标准的制度属性,提升气象标准的对外开放水平,探索建立气象标准国际化工作机制,

促进气象领域国内标准与国际标准的对接,不断提升中国标准在全球气象治理中的影响力。

二、强化气象标准制度属性的主要问题

本研究组围绕标准化意识、管理机制、应用实施、执行责任链条、国际化参与程度等问题,对国、省、市、县四级的管理、科研、技术等岗位的786位气象干部职工开展问卷调查,并就如何提升气象标准制度属性、加强气象标准执行力等广泛征求建议。通过问卷梳理和分析发现,近年来气象标准化工作虽然取得了明显成效,但对照支撑气象高质量发展的新时代要求,在强化气象标准制度属性、提升气象标准的权威性和约束力方面,还有较大提升空间。

（一）对标准的制度属性和功能作用的认识不到位

调研发现,气象部门对标准的强权威和硬约束作用认识不够到位,没有将标准作为气象社会治理、履行行政管理职能和行业管理的基础性制度来看待;将标准与业务规范、业务制度、科研课题混为一谈,混同管理;气象标准在全行业的认可度不高,还没有转化为依法履职最有力的技术支撑。

（二）标准化管理的顶层设计不足,标准体系不够完备

从已出台与标准化管理相关的规范性文件看,现行的标准化管理主要侧重于标准的制修订和流程管理,缺乏对部门和行业具有普遍约束力的法规性文件。标准体系的系统性、前瞻性、导向性不足,标准引领支撑现代气象业务和聚焦"四大支柱"高质量发展的衔接性不够;强制性标准不多,以业务技术类为主面向气象部门的对内标准多,面向行业、公众和社会需求的对外标准少。

（三）强化标准制度属性作用发挥的职能分工不清晰不明确

调研发现,"谁主管、谁主抓"的标准化工作要求没有落实到位,各部门各单位标准化工作主体责任不够清晰。主管职能司之间以标准为依据的协同合作的工作体系还没有完全形成。主管职能司、技术支撑单位、标委会就标准体系设计、标准制修订、标准宣贯实施等职责定位和分工有待进一步明确。

（四）标准的质量、应用性和影响力有待加强

从气象部门已经制定的标准来看,标准总体规模和质量还不能满足气象高质量发展需要。好用的、针对性强的、影响力大的标准不多,标准的硬约束作用不够明显;部分标准使用时所要求的支撑条件较高,难以直接应用。

（五）标准实施应用的责任链条有待压实

调研发现，气象部门在标准管理中普遍存在重立项制定、轻实施宣贯的现象，对标准如何实施应用缺乏统筹考虑和部署，未形成系统性制度化举措；对于标准用不用、怎么用没有硬性要求，缺少有效的标准实施督查制度；标准实施应用与日常气象业务、服务和管理工作的融入不畅，未形成常态化制度化机制。

（六）气象标准国际化参与程度有待提高

调研发现，气象部门在气象标准参与全球气象治理的谋划不足，参与国际气象标准化活动的意识不强，渠道不畅通，主动性不够。采用国际标准和国外先进标准的力度不大。对国际上气象标准的调研分析工作较少，对国际上气象标准的跟踪、评估、研究比较缺乏。

三、新时期强化气象标准制度属性的总体思路和建议举措

面对如何强化气象标准制度属性以适应和满足气象高质量发展的迫切要求，必须紧紧抓住"强化标准的权威性和约束力"这一牛鼻子，用标准解答"如何有为""怎样更优"等问题，充分发挥标准作为制度之治的重要作用，使标准成为推动气象高质量发展的坚实保障。

（一）优化治理结构，在顶层设计与需求牵引相结合上下功夫

气象部门应抓紧制定出台《气象标准化管理办法》，以部门规章形式固化近年来气象标准化改革创新实践经验和制度性成果，让标准成为对气象工作质量的"硬约束"，进一步夯实标准在气象依法履职中的技术支撑地位。加大法律、法规、规章、政策引用标准的力度，充分发挥标准对法律法规的技术支撑和补充作用。

要以提高气象标准满足行业发展需求为引领，阶段性地制定气象标准发展行动计划，明确未来气象标准工作的总体思路与方向。建立协调配套、功能互补的高质量标准体系，强化业务领域之间的相互关联衔接，确保各级各类标准在各自范围内发挥应用作用。加强人工影响天气等强化安全监管的强制性标准制定和实施，强化关系国计民生、支撑气象事业提质增效升级等基础性、关键性气象标准的制定和实施，解决标准缺失和不均衡问题。

（二）完善治理机制，在统筹协调与分工负责相结合上下功夫

气象部门要强化统筹协调，整合各方资源，明确法规司、主管职能司、标准研究机构、标委会、标准制修订和标准应用单位的责任分工，优化工作流程，健全工作机制，

围绕标准管理中存在的痛点难点堵点落实落细各项管理措施,形成上下沟通、左右协调、步调一致、整合推进的格局,确保各环节工作运行高效、衔接顺畅。既要发挥好标准化归口管理部门的综合协调职责,又要充分发挥主管职能部门在分管领域内标准制定实施的主导作用。既要发挥好研究机构对标准的支撑作用,又要充分发挥标委会在标准制修订方面的技术指导和组织作用。既要发挥好标准起草单位在标准编写方面的自主作用,又要充分发挥标准应用单位在实施评价方面的反馈作用。

(三)聚焦治理流程,在标准制定和实施应用相结合上下功夫

要强化"约束类标准"在气象基础业务以及行业管理、安全监管工作中的"强权威"地位,特别是在行业准入、监督抽查、质量评价等面向社会和行业管理工作中所涉及的技术要求,原则上应以标准的形式发布实施。严格落实"约束类标准"开题论证和技术审查,做好开题论证报告和标准实施方案审查工作,确保标准项目内容的科学性和实用性。主管职能部门要落实分管领域的标准实施和监督责任,标准实施应用情况纳入业务考核、汛期检查、执法检查、专项整治等各项工作的监督检查清单。完善标准实施的政策措施,优化标准实施信息反馈机制,推进标准实施效果第三方评估,以"约束类标准"为重点开展气象标准应用实施情况的检查评估。

(四)提升治理效能,在行业合作与开放融合相结合上下功夫

气象部门要推进开门制标、开放贯标,注重与行业部门在标准化方面的工作沟通和资源共享,将标准化列为部门合作重要事项,积极推动防灾减灾、应对气候变化、生态文明建设等领域跨行业标准的制定和实施。切实履行气象行业管理职能,解决数据格式不一致、业务技术不统一、仪器装备不兼容等突出问题,提高全行业的业务服务质量。

要适应国家标准"走出去"战略,推动我国自主创新、特色优势标准走向国际,发挥标准引领作用,对全球观测、全球预报、全球服务超前布局,通过标准争取全球话语权,凸显中国标准品牌。要加强对 WMO、ISO、IEC 等国际组织的标准跟踪、评估和转化,促进气象领域国内标准与国际标准的对接。推动气象标准服务经济社会发展开放合作互动融合,服务"一带一路"共建国家和地区。

(五)夯实治理基础,在技术支撑与制度保障相结合上下功夫

气象部门要坚持"研究型业务、支撑性定位、专业化队伍"的方向,推进国家级气象标准化技术支撑机构建设。要按照统筹规划、科学合理、减少交叉、保障有力的原则,提升新时期标准化技术组织建设水平,确保标委会秘书处工作高效率、高质量运行。要建立重大科技项目与标准化工作联动机制,健全科技成果转化为标准的服务体系,完善全国气象标准信息公共服务平台功能,提升标准技术支撑体系的信息化水平。

基层气象部门监督存在的问题及对策研究

刘亚贞　高宪双　查　贲　李全荣　和春荣　杨凯华　罗林明

中共中国气象局党校第 19 期中青年干部培训班专题研究小组

要点:本文综合运用访谈、座谈、问卷等形式深入开展调研,访谈了多个基层气象局党组书记和纪检组长,面向市县局相关人员开展问卷调研,较为充分地掌握了基层气象部门监督工作的现状、问题,并分析问题产生的原因,对如何强化基层监督工作提出四点对策建议:第一要加强自上而下的指导,第二要加强责任落实考核管理,第三要完善监督制度机制,第四要健全纪检队伍整合监督力量。

监督是治理的内在要素,在管党治党、治国理政中居于重要地位。中国共产党历来高度重视权力监督问题,并为之作了艰辛的探索和实践。党的二十大报告提出"健全党统一领导、全面覆盖、权威高效的监督体系",就是把权力关进制度笼子的具体安排。近年来,气象部门在中央统一决策部署下,深化全面从严治党,不断探索实践,构建起横向到边、纵向到底的监督体系,监督质效持续提升。同时,也要清醒地看到,当前腐败与反腐败的较量还在激烈进行,气象部门党风廉政建设和反腐败斗争形势依然严峻复杂,基层监督工作仍存在一些短板和不足。

本文围绕基层气象部门监督这一重要问题,综合运用访谈、座谈、问卷调查等形式深入开展调研,分析基层气象部门监督存在的问题及其产生原因,对推进气象部门进一步有效开展基层监督工作提出对策建议。

一、基层气象部门开展监督工作的难点分析

(一)基层气象部门监督对象基数大

气象部门实行国家、省、地、县四级垂直管理,现有 31 个省(区、市)气象局、333个市级气象局、2189 个县级气象局。截至 2021 年底,共有职工 11 万余人,国家、省、地、县分别占 6.6%、24.1%、32.6%、36.7%。其中,地市级、县级气象部门人员数量接近 8 万人(市级 3.6 万余人、县级 4 万余人),占气象部门职工总数近 70%。可以看出,地市级、县级气象部门机构、人员数量多,在全国气象部门占比大,监督工作任务重。

（二）基层气象部门监督情况复杂

基层气象部门工作范围广，在承担社会管理职能、业务服务职责的同时，还要管理下属企业；资金来源渠道多，既有中央、地方财政资金，还有自有资金；人员结构复杂，既有国家编制又有地方编制，既有在编职工又有聘用人员，既有参公管理人员又有事业单位人员。复杂构成带来较多廉政风险点，增加了监督难度。调查问卷显示，廉政风险较大的前三项分别为项目建设、财务支出和防雷监管领域。

（三）基层气象部门监督任务艰巨

2016年以来，气象部门受到党纪政务处分人员的80％来自市县级气象部门，受到处分人员牵涉问题复杂，不仅涉及六大纪律、中央八项规定精神等问题，有的已经涉及违法犯罪。当下，随着气象事业蓬勃发展，基层气象部门项目建设越来越多，资金投入越来越大，基层滋生腐败的土壤仍然存在，基层监督形势严峻，监督机制亟须健全，监督力量亟须强化，监督能力亟待提升，正风肃纪反腐依然任重道远。

二、当前基层气象部门监督存在的主要问题

党的十八大以来，中国气象局党组先后印发《落实党风廉政建设监督责任的实施意见》《加强党建和党风廉政建设工作组织体系建设的若干意见》《巡视监督与其他监督贯通融合形成合力工作办法（试行）》《贯彻落实〈中共中央关于加强对"一把手"和领导班子监督的意见〉的若干措施》等政策文件，扎实推进气象部门纪检监察体制改革，监督体系不断完善。对照党的二十大精神以及《纲要》提出的新形势新任务新要求，在开展广泛调研的基础上，发现气象部门基层监督工作主要存在以下问题。

（一）职责考核不够科学、基层职责不够清晰

一是主体责任落实考核不够精准、结果应用不够到位。地市级、县级气象部门党组领导班子在监督工作上存在思想上重视、落实上薄弱的情况。有的部门全面从严治党责任清单"上下一般粗"，清单任务与工作内容匹配度不高。地市局对县局主体责任落实情况的考核相对笼统，缺乏科学、规范的量化标准，考核的指挥棒作用发挥不充分。

二是监督职责不明晰，存在缺位、错位现象。调查问卷显示，关于影响基层日常监督作用发挥的主要原因，42％的受访者认为工作定位和职责不清晰，37％的受访者认为作用发挥不足。调研发现，有的地市局纪检组对自身应履行的监督责任具体工作不明确，日常除了完成上级部署的任务之外，结合实际围绕关键领域、重点事项主动开展常态化监督不够，存在监督"缺位"现象。另外，县局一般由副局长分管纪检工

作,同一个主体既负责业务管理,又负责纪检监督,容易造成工作主体不明确,监督责任不清晰,产生"错位"现象。

(二)同级监督不够常态、对下监督不够到位

一是同级监督存在薄弱环节。地市局和县局纪检组长作为领导班子成员,有时过多地强调服从,对同级"一把手"监督一般只停留在参加会议时的提示提醒,常态化监督提醒不够。同时,受到基层"熟人社会"影响,对同级领导班子及时发现问题不够,监督提醒不到位。班子成员之间主动监督不够,互相监督的自觉性不强。

二是对下监督不到位。市局对县局"一把手"和领导班子的监督,主要通过年度考核、听取工作汇报、专项检查等形式开展,常态化监督措施不够多。有的地市局党组将日常听取工作汇报、指导业务工作等同于监督;有的地市局党组书记落实谈话制度不到位,日常监督谈话、提醒谈话较少;有的地市局分管领导履行"一岗双责"意识不强,对分管领域的党风廉政建设工作关注不够,日常监督提醒不到位。

(三)政策把握不够精准、监督执行不够有力

一是对政治监督内涵理解不透把握不准。近年来,各级气象部门开展政治监督的意识不断提升,结合实际探索建立了本单位的政治监督工作机制,监督效果逐渐显现。但从基层气象部门来看,仍不同程度存在对如何开展政治监督认识不清的情况,对贯彻落实习近平总书记关于气象工作的重要指示精神及中央重大决策部署等政治监督内涵理解不够透彻、把握不够精准。开展政治监督方式、监督效果离要求有较大差距,有的停留在检查是否进行了学习、是否制定了任务清单等,从政治上审视问题、分析问题、解决问题的能力还需提升。

二是日常监督方式方法运用不够灵活。调查问卷显示,45%的受访者认为监督方法不多影响日常监督作用发挥。目前,地市局主要通过听取汇报、审计、调研等形式开展日常监督,监督方式方法运用还不够灵活多样。精准运用"第一种形态"还有欠缺,对发现的苗头性、倾向性问题,及时开展约谈提醒不到位。有的地市局建立了科级领导干部廉政档案,对于加强科级干部监督发挥了较好作用,值得推广,但还存在廉政档案内容简单、结果运用不够的情况。

三是监督制度机制配套不够,完善执行不够有力。调查问卷显示,46%的受访者认为工作制度机制不健全,52%的受访者认为制度执行不到位。近年来,特别是在纪检监察体制改革试点工作开展以来,省局层面监督制度机制体系得到有效完善,但在地市局层面,结合实际跟进梳理、制定完善相关配套办法还有差距,针对县局工作实际的配套办法不够完善,或针对性和操作性不强。对不实举报的澄清反馈工作还不到位,为受到不实举报的党员干部撑腰打气还需加强。

四是上对下的指导不到位,压力传导不够。省局在指导地市局本级监督,以及如

何进一步强化对县局监督管理等方面还不够具体,指导力度还需加强。地市局对县局的业务指导比较多,对监督工作指导和考核还不够。

（四）队伍建设仍旧薄弱,激励办法不够多样

一是基层纪检力量薄弱。调查问卷显示,63%的受访者认为纪检力量不足,30%的受访者认为纪检干部能力和素质不高影响监督作用发挥。目前,地市局设纪检组长1人、副组长或纪检员1名;县局一般设纪检组长或1名副局长分管纪检工作,同时负责其他领域工作。兼职纪检干部普遍对监督职责任务理解不深,业务能力素质与监督工作需求存在一定差距。

二是纪检干部激励机制不健全。目前地市局除纪检组长外,专职纪检人员一般没有明确的职务或职级,不利于将优秀的年轻骨干充实到纪检岗位进行轮岗锻炼。一些长期从事纪检工作的纪检组长、纪检员交流轮岗不够,同一岗位任职时间普遍较长,职务职级晋升通道不畅。

三、强化基层监督的对策及建议

气象部门基层监督工作存在短板的主要原因包括在思想认识上还存在偏差、监督体系还存在短板、监督能力仍有差距,针对上述问题,提出如下几点意见。

（一）统筹谋划,加强自上而下的指导

一是加强顶层设计。坚持顶层设计与"摸着石头过河"相结合,中国气象局机关纪委需进一步强化对省局监督工作的指导,总结各地探索实施的地市局综合监督、划片监督、巡回监督等有效监督经验,研究提炼相关做法并予推广应用。

二是定期开展调研。中国气象局机关纪委组成调研组,定期下沉到基层市县局开展蹲点调研指导,了解基层情况,及时发现问题,研究分析解决。省局要加强对地市局和县局的走访调研,切实解决实际问题,同时组织到相关兄弟单位调研,学习先进经验做法。

三是加大指导力度。省局要强化对地市局和县局监督工作的指导,不断完善适合本省气象部门的监督机制。地市局要统筹用好监督力量,加强对县局的监督工作管理指导,提高监督质量。

（二）明晰职责,加强责任落实考核管理

一是建立纪检机构监督责任清单。2021年12月,中共中央印发《中国共产党纪律检查委员会工作条例》,对纪检机构的主要任务和工作职责做出规定。建议修订完善气象部门2015年印发的《落实监督责任的实施意见》,并建立《省级纪检机构监督责

任清单》及相关制度,明确省级纪检机构监督职责,加强履行监督责任情况的考核,督促监督责任落实落细。各省局可结合实际建立市县级纪检机构监督责任清单,明确监督职责和任务,督促基层纪检机构履职尽责。

二是强化对监督工作的全面领导。省市局党组进一步加强对监督工作的领导,定期听取纪检组工作汇报,完善监督工作机制,发挥监督合力,促进各类监督贯通协同。市局进一步完善责任落实考核管理办法,加强对县局党组(领导班子)特别是"一把手"责任落实情况的监督和考核管理,倒逼责任落实。建立完善市局纪检组长定期专题听取下级"一把手"汇报工作机制。

(三)突出重点,完善监督制度机制

一是明确政治监督重点。省局党组要加强对政治监督工作的领导,完善政治监督工作机制,明确年度政治监督的工作重点,加强相关单位的协作配合,强化省市县上下联动。要将贯彻落实党的二十大精神,与贯彻落实习近平总书记关于气象工作和本省本地区的重要指示精神结合起来,与贯彻落实《纲要》结合起来,与当地党委政府对气象工作的要求结合起来,找准政治监督切入点,融入业务抓监督,扎扎实实在解决具体问题上下功夫,推进政治监督具体化、精准化、常态化。

二是创新监督方式方法。在鼓励基层创新监督制度机制基础上,省局层面制定完善日常监督管理办法,强化基层监督工作指导。地市局和县局纪检机构要聚焦"关键少数",结合实际探索运用"指导式+提醒式""参与式+督促式""检(抽)查式+分析式""调研式+研判式""核查式+问责式"等监督模式,把监督融入日常、抓在经常。加强监督成果的运用,通过制发纪律检查建议书等形式,推动问题整改,督促责任落实。

三是完善各类监督贯通协同机制。建立完善纪检监督与计财、审计监督的联动机制,加强在发现问题、移交线索、督促整改等方面的沟通。聚焦工程建设等重点领域,探索实行事前谈话、事中检查、事后抽查制度,提升监督效果。针对基层情况复杂、监督力量不足的情况,加强信息化建设,解决基层监督难题。

四是完善请示报告制度。根据上级要求,结合基层工作实际,进一步完善请示报告制度,根据工作需要明确请示报告涵盖范围,规范请示报告程序。探索实行定期上报日常监督工作制度,基层纪检机构及时向上级纪检机构报送日常监督开展情况,特别是针对项目管理等重点领域和关键环节,要求将监督情况定期上报,督促监督工作制度的有效落实。

五是建立科级干部廉政档案。加强科级及以下干部日常监督,全面、动态、准确反映监督对象廉洁从政情况,切实提高干部廉洁自律意识。参考领导干部个人事项申报相关做法补充完善廉政档案管理内容,并将其作为党员干部考核和使用的重要依据。选取相关省份开展科级干部廉政档案管理工作试点,总结完善推广试点经验。

（四）强化培养，健全纪检队伍整合监督力量

一是加大培养力度。采取上挂下派、专项抽调、以案代训等方式，有计划地对基层纪检干部实施"递进式"培养机制。优化基层纪检岗位职务职级设置，将优秀年轻骨干选拔到纪检岗位进行历练，畅通纪检干部常态化交流机制。加强纪检干部异地任职力度，进一步推进实施市局纪检组长由省局进行年度考核机制，保障激励纪检干部敢于监督、主动监督。

二是强化全员培训。依托干部学院开发分层分类的系统性培训课程，定期组织基层纪检干部参加中国气象局组织的课程培训，分步分类实施基层纪检干部培训全覆盖，重点加强政策理论、监督方法、法律法规等方面的培训教育。

三是形成监督合力。省局继续统筹好本省监督力量，在机构编制有限的情况下，用好现有纪检干部队伍，充分发挥作用。同时，建立健全定期走访地方纪委的机制，加强沟通交流，积极争取地方支持，提升监督合力。

气象部门目标管理急需强化
实物工作量检验成效[1]

唐亚平　杨　夏　黄榕城　何玉龙　苗艳丽　杨春燕

中共中国气象局党校第 20 期中青年干部培训班专题研究小组

要点:本文围绕"实物工作量"这一气象部门目标管理过程中的难点重点问题,通过走访调研相关职能司、直属单位及省级气象部门相关领导,在梳理现状和问题的基础上,针对如何强化目标管理中的实物工作量检验成效提出如下建议:第一,用"实干实绩"检验气象科技创新成效,夯实气象科技能力现代化这一"硬实力";第二,用"效果效益"检验气象服务能力水平,筑牢气象社会服务现代化这一"软实力";第三,用"实物工作量"检验气象部门目标管理成效,强化"科学管理"和"信息保障"两个支撑。

目标管理是气象部门推动工作落实、优化工作质效的关键环节,贯穿于年度工作的起点、终点,并成为下一年工作的新起点。多年来,目标管理在保障气象部门年度重点任务落实、推动重大改革攻坚等方面发挥了重要作用。然而,实践中也发现,气象部门目标管理普遍存在定性多定量少、基础多重点少、投资多问效少等问题。基于这一背景,中国气象局在全面推动气象科技能力现代化和社会服务现代化(简称"两个现代化")过程中,提出"以实物工作量检验气象高质量发展成效"这一决策部署,充分展示了中国气象局党组强调重实干、谋实绩、求实效的决心,体现了其对气象事业发展的规模和速度、结构和效益辩证关系的科学认知。

实物工作量是近年来衡量政策执行效果的重要指标,越来越多地被应用于经济社会管理领域。强化实物工作量,意在解决发展动力与发展成效不足现状,旨在推动形成高质量发展新质生产力,用实干的真刀真枪真把式,取得货真价实的"真金白银",从而实现量的合理增长与质的有效提升相协调相统一。课题组坚持问题导向与结果导向结合,深入分析当下目标管理与气象高质量发展不相适应的问题,以"实物工作量"检验发展成效这一目标管理的重点难点问题为切入点,提出未来气象部门进一步优化目标管理的策略与建议。

---

[1] 研究指导:王志强

一、从实物工作量角度看气象部门目标管理存在的突出问题

强化目标管理中的实物工作量,是对气象管理在价值取向、工作方法等方面的结构化改善和深层次优化。通过确定实物形态的刚性指标,细化重点任务颗粒分解,推进重大节点收成晾晒,加速形成充分展示实物工作量,相对客观地评估工作的过程、程度、衡量所创造的用户价值,实现管理手段与管理目标的适配。对标实物工作量关于质量、效益的要求,课题组基于对当前气象部门目标管理的充分调研发现,气象部门目标管理在抓实物工作量检验发展成效上还有较大提升空间,迫切需要在真发展、真业绩、真效益上下大功夫。

(一)指标设置重"日常业务"、轻"关键核心"

调研 2023 年度中国气象局对省(区、市)气象局目标管理指标发现,设置考核指标 184 项,其中基础工作 97 项、重点工作 87 项;对直属单位设置考核指标 90~145 项,其中基础工作 75 项、重点工作 15~70 项不等,充分体现出目标考核指标覆盖广、内容全、数量多,但广、全、多的同时,意味着部分指标重点不突出、抓主要矛盾不足、作用发挥弱。当前仍以基础性常规性工作考核为主,导致本应发挥"指挥棒"作用的目标考核存在"你好我好大家好"的平均主义现象,导向作用发挥不充分,缺乏引导和调动各级气象部门主观能动性干事创业的催化剂。

(二)考核工作重"做的动作"、轻"做的效果"

调研发现,目标管理部分考核项目只能检验"做没做",而不能评价"好不好",导致考核易出现调和倾向,无法发挥更为积极和有效的引导作用。如 2023 年度省(区、市)气象局目标管理指标中,有超过 14 项指标以是否制定工作方案、按时报送总结作为考核指标,而对其内容和质量均未做硬性约束,导致难以客观评价其工作优劣。如"统筹推进数值预报模式发展"重点任务中,"按时完成区域天气模式研发任务目标并形成总结报告即得 5 分",此类考核指标更多体现的是工作态度而非工作实绩。

(三)考核方式重"定性评价"、轻"定量分级"

调研发现,部分考核项目缺乏明确、严格、一致的评判标准,导致考核结果易出现晕轮效应或宽严倾向等主观随意性偏差。走访调研业务单位领导,受访者认为在目标管理中"定性评价项目过多",同时存在"碍于面子难以扣分""熟人求情少扣分"等现象。如 2023 年度对省(区、市)气象局 51 项工作目标中,公众气象服务满意度、预警信号准确率和提前量、预算执行进度、重点项目立项数和地方投资到位数等可量化考核项目占比仅约 20%。其他项目大多为"按要求完成本省承担的年度任务"即得

分的表述,缺乏量化指标以更准确地反映工作目标实质性的完成度。

(四)目标任务重"结果导向"、轻"过程管理"

调研发现,目标考核大多只针对任务期满时完成情况进行一次性考核评价,如直属单位以及各省(区、市)气象局的大部分目标考核任务时间节点均设定为 12 月 15日,存在"以近代全、以点代面"现象,缺乏对目标任务实施过程中的跟踪、指导、督导和动态优化,导致目标管理易出现近因效应,而忽略了全链条动态管理在推进考核量化中的导向和促进作用。

(五)管理模式重"人力保障"、轻"信息支撑"

当前,相关表征实物工作量的数据信息量庞大且分散于各职能司,如针对预报预警质量、公众气象服务满意度评价、综合气象观测质量等均建有相关业务管理系统,但全国气象部门考核管理系统未实现与其无缝对接,大部分目标任务完成情况由被考核单位在规定的时间窗内自主填报,信息采集及审核判定的人力、时间成本高。同时,无法形成连续有效的考核数据集,对目标任务完成量的增长和质的提升缺乏直观定量对比分析。

二、目标管理强化实物工作量检验成效的若干思考和举措

为科学衡量"两个现代化"建设成效,需进一步坚持目标导向,在目标管理中强化"实物工作量"这一衡量标准,将发展的成效具体化、具象化、数字化、清单化,具体建议如下。

(一)用"实干实绩"检验气象科技创新成效,夯实气象科技能力现代化这一"硬实力"

科技能力现代化是气象现代化的"硬实力",体现高水平科技自立自强、高水平业务能力、高水平人才支撑的现代化。目标管理中应重点考核以科技创新破解高质量发展中关键技术难题的数量、质量、效益和高水平人才队伍建设、人才第一资源作用产出。

第一,要量化各个领域的科技创新成果产出。在气象观测技术方法方面,重点考核地基、空基、天基、海基等观测领域研制具有自主知识产权的成果数量及转化效益;在天气气候机理研究方面,重点考核台风、暴雨(雪)、高温、强对流等灾害性天气过程发生的关键物理过程、复杂地形影响、系统相互作用等基础研究产出的核心期刊论文、科技成果数量,以及业务成熟转化应用的效益;在数值预报模式发展方面,重点考核具有正贡献的新开发或引入的参数化方案数量及模式性能提升度,改进优化原有模式动力框架或参数化方案、并行计算效率提升度、多源实况资料同化率;在气象数

据融合分析技术方面,重点考核各类气象观测数据单一分析和融合分析方法、气象数据和其他行业数据融合分析方法创新数据融合产品质量。

第二,要聚焦新型业务技术体制重点强化科学评判。在新型业务技术体系建设方面,重点考核预报、预测、服务业务系统的集约度、冗余度和功能完备度,预报预警产品的丰富度、时空分辨率与更新频次;在"云+端"气象数据应用生态发展方面,重点考核算法算力存储资源规模、单位海量数据的处理速率,基于"数算一体"的气象大数据云平台应用接入数量、客观算法研发、成果登记、转化应用及开源数量,成熟客观算法全国引用频次,AI、云计算等新一代信息技术的应用水平;在高价值数据产品的研发与转化效益方面,重点考核融合应用行业气象数据量,高价值数据产品研发数量及面向行业的转化效益。

第三,要紧扣科技人才开展多角度定量化评估。在高水平人才队伍建设方面,重点考核科技人才总数、领军级人才数量、科技创新团队数量、资金等要素保障水平,高质量科技成果产出量及投入产出比;在科技创新平台方面,重点考核人才队伍建设、科技管理与成果转化应用等制度建设数量,科技人才队伍高层次科研项目支持计划及经费申请落实数,自主科技创新机构、联合创新机构、科技平台数量及成果产出、成熟成果转化应用效益;在气象科普人才创作方面,重点考核科技成果科普化创作供给数量,气象科普活动受益面、品牌辨识度和公众气象知识科学普及率。

(二)用"效果效益"检验气象服务能力水平,筑牢气象社会服务现代化这一"软实力"

气象社会服务现代化是气象现代化的"软实力",是以有为政府和有效市场来充分满足经济社会发展各方面气象服务需求的现代化。目标管理中应重点考核高质量气象服务赋能减损增益产生的社会、经济、生态效益和现代气象治理体系建设成效。

第一,要考实气象服务与经济社会高质量发展的融入度。在保障生命安全方面,重点考核气象灾害预警信息准确性、提前量、覆盖率、送达时效、叫应效率以及公众对灾害预警的满意度等;在服务生产发展方面,重点考核服务国家重大战略和重点行业领域的效益,包括但不限于服务的行业及规模企业数量、创收产值、有影响力的服务产品数量;在助力生活富裕方面,重点考核满足人民对美好生活的气象需求,面向百姓衣食住行游购娱学康气象服务产品的个性化、定制化及获取便捷度、公众满意度,城乡气象服务均等化水平、气象科学知识普及率;在维护生态良好方面,重点考核气象在生态文明建设中的融入度、气候资源开发利用与气候可行性论证项目数和收入、中国天然氧吧等气候生态品牌创建与应用成效。

第二,要考实地方党委政府对气象服务的支持度。在地方财政保障方面,重点考核人员经费、公用经费、业务维持经费、项目建设投资数量,以及地方横向部门合作经费争取数量;在地方政策支持方面,重点考核气象高质量发展政策制定与落实情况

（成立领导小组、纳入地方绩效考核、出台文件数量）；在地方机构人才支持方面，重点考核地方机构、编制数量，与地方人才交流人次、气象人才获评地方高层次人才称号人次；在纳入地方绩效考核方面，重点考核气象部门纳入本级地方政府绩效考核结果排名，将本级气象工作纳入对下级政府的考核。

第三，要考实气象治理体系建设及治理效能开放参与度。在气象社会治理方面，重点考核行业气象探测设施统筹管理数量和覆盖度、新媒体气象服务质量评价结果、气象灾害应急联动机制建立数量、气象服务纳入基层网格化治理的覆盖面，气象工作融入当地发展规划、气象部门纳入当地规划委员会、气象宣传科普进领导干部课堂；在气象行业管理与开放合作方面，重点考核建立相关行业气象统筹发展体制机制情况、将各部门各行业自建的气象探测设施纳入国家气象观测网络并由气象部门实行统一规划和监督协调情况等；在气象法律法规及标准体系建设方面，重点考核地方立法数量、气象法规标准出台数量、质量和立法检查数量。

（三）用"实物工作量"检验气象部门目标管理成效，强化"科学管理"和"信息保障"两个支撑

目标管理侧重逐年工作任务推进，既是 2025 年近期目标实现的重要基础，更是 2035 年远期目标实现的前期铺垫。抓好目标管理，用"实物工作量"扎扎实实推进逐年工作任务，才能够成为气象现代化建设的助推器，最终实现气象高质量发展的远景目标。因此，需要加强系统谋划和科学管理，并以信息技术作为强大支撑，从而将强化"实物工作量"检验发展成效落到实处。

第一，要科学设计考核指标，突出"量"字。加强目标考核年度重点任务和高质量发展指标体系的有效衔接，统筹近期任务与长远目标，采取定性与定量、基数与增幅、过程与结果相结合的方式，保持核心指标的相对稳定和可持续。部分目标管理中的"实物"可以直接引用高质量发展指标体系中要素层面的项目，"量"可以根据横向、纵向的比较，科学界定考核基点和增幅。考虑年度重点任务的差异性，建立考核指标调整完善机制，根据发展变化动态修订年度考核指标。

第二，要全面加强过程管理，突出"实"字。加强工作协同，有效开展对目标管理的部署推进和检查督查，对照进度时限及质量要求考核各项重点工作进展成效；在日常关键节点引入第三方或利用专家评审等方式开展抽查核查，避免综合考评变成年底一锤子买卖；建立及时反馈制度，对于考核中存在的问题，以提醒、督办等形式抓好落实，通过经验交流、实地走访等方式开展跟踪指导，充分发挥以考促干的作用。

第三，要重点强化结果运用，突出"干"字。善用结果，用好结果，让结果正向发挥作用。着眼于实干实绩，将目标管理考核的结果与单位综合考核、各责任人的干部考核有机结合，对于表现突出的单位，提高优秀比例，在资金项目、人才评聘、试点政策等方面给予优先支持，个人的突出表现，作为评奖评优、职务晋升、绩效奖金等的重要

参考,在相应的会议分享工作经验,通过媒体报道宣传先进事迹。

第四,要用力提升信息支撑,突出"效"字。完善信息化目标管理考核平台,实现目标考核工作由"粗放型"到"精细化"。应建立集考核基础数据管理、动态实时监管、数据智能分析、事项协同办理、绩效综合展示等功能于一体的综合管理系统,统一整合至平台管理;应推进考核管理系统与现存业务管理系统(平台)的无缝对接,实现考核基础数据一次填报、一源多用,自动比对、智能分析;应全面梳理考核全周期纵向流程环节和横向联办事项,实现考核指标下发调整、任务督查督办、结果评定发布、结果复核申诉线上办理,做到考核细则同源发布、结果智能分析,有效提升考核效能。